**지금까지
이런 수학은
없었다**

지금까지 이런 수학은 없었다

이성진 지음

수포자였던 수학 교사,
중학 수학의 새로운 접근법을 발견하다

해나무

수학을 봄, 수학의 봄

수포자가 수학 교사가 되기까지

나 역시 한때는 수포자였다. 지금은 중학교에서 학생들에게 수학을 가르치는 중이다. 중학교 때에는 반에서 3등 정도는 했으니 공부도 웬만큼 했고, 수학도 꽤 잘했다. 하지만 고등학교 입학 후 2학년까지 공부와 담을 쌓고 살았다. 나는 공으로 하는 것은 다 좋아했다. 예전부터 즐겼던 농구와 축구뿐 아니라 당구에도 매력을 느끼기 시작했다. 놀 게어찌나 많았던지, 밴드부에 들어가 드럼을 치며 음악에 빠졌고 스타크래프트 게임에도 미쳤다. 고등학교부터는 벼락치기도 통하지 않아 뒤늦게 공부해도 소용없었다. 안 할 때는 하나도 안 하는 성격이어서 2학년 2학기에는 이과 316명 중 316등을 하기도 했다. 수포자를 넘어 공포자였다. 공부를 포기한 자.

그 당시는 놀기 참 좋은 환경이었다. '이해찬 1세대'는 1999년 당시 고등학교 1학년생을 일컫는 말인데, 바로 내가 그 세대였다. 선배들은 학교에 남아 야간 자율학습을 해야 했지만 우리는 그러지 않아도 됐다. 방학 때에도 학교에 나올 필요가 없었다. 그런데 갑자기 고3이 되기 전 겨울방학에 학교를 나가게 되었다. 그때서야 학교에서 공부를 시킨 것이다. 학교를 나가야 하니 수능 공부를 해보기로 마음을 먹었다.

우선 수학 교과서로 시작했다. 2달 동안 고1 수학 교과서부터 모든 고등학교 수학 교과서를 다 보았다. 다른 공부는 하지 않고 오직 수학만 공부했다. 수학 교과서에는 개념이 논리적으로 자세히 설명되어 있어 개념을 이해하는 데에 많은 도움을 받았다. 쉬운 문제도 많아 문제를 푸는 재미도 있었다. 대학 진학이 단순한 바람에서 희망이 되는 순간이었다.

수학 교과서로 기본을 다진 것이 큰 힘이 되어 3학년 1학기에는 수학 성적이 315명 중 142등이 되었다. 2학년 때에는 약 300등이었으니 단숨에 중간으로 오른 셈이다. 그것도 중학교 때 반에서 5등 안에 들었던 친구들 사이에서 말이다. 결국 마지막 학기에는 수학 성적이 전교 19등이었다. 마지막 학교 수학 시험에서 100점을 받았던 기억이 난다. 하루의 절반 이상을 투자하여 수학 공부를 했기 때문에 가능했다. 결국 수학의 도움으로 목표했던 대학에 들어갈 수 있었다. 3학년 내신 성적으로는 반에서 50등 정도였지만 10등 정도 하는 친구들과 같은 대학을 가게 된 것이다.

해피엔딩으로 끝날 줄 알았는데, 네버엔딩이었다. 사람은 쉽게 변하

교과	과목	1학기			2학기			비고
		단위수	성취도	석차/재적수	단위수	성취도	석차/재적수	
국어	국어	2	가	317(·)/317	2	양	310(·)/316	
국어	문학	2	미	284(·)/317	2	가	314(·)/316	
한문	한문I	2	양	283(·)/317	2	가	300(·)/316	
수학	수학I	5	가	293(·)/317	5	가	297(·)/316	
사회	세계지리	2	양	310(·)/317	2	가	309(·)/316	

[3학년]

교과	과목	1학기			2학기			비고
		단위수	성취도	석차/재적수	단위수	성취도	석차/재적수	
국어	문학	3	우	297(·)/315	3	양	305(2)/315	
수학	수학II	5	양	142(4)/315	5	수	19(·)/315	
사회	국사	3	양	289(·)/315	3	가	313(·)/315	

지 않는다. 1년 동안 공부했던 것보다 2년 동안 놀았던 것이 더 익숙했던 탓일까? 대학을 목표로 달려왔고, 그 뒤에 목표가 사라져버렸기 때문일까? 결국 대학 생활에 적응하지 못했고, 기말고사도 보지 않았다. 평점 0.60점. 학사경고를 받았다. 학교를 더 다녀봤자 학비만 날릴 것 같아 1학기 만에 휴학을 했다.

그렇게 방황하다 23세에 다시 시작한 수능 공부. 복학하면 어차피 처음부터 다시 다녀야 할 판이라 이전 학교에 미련이 없었다. 모르는 문제 없이 수학을 다 풀기까지는 2년이란 시간이 더 필요했다. 비록 실수로 하나 틀리긴 했지만, 수학 덕분에 서울 명문 대학에 4년 전액 장학생으로 들어갈 수 있었다. 무슨 과를 선택할까 고민하다 수학 선생님이 될 수 있는 수학교육과를 선택했다. 그렇게 수포자는 30세에 수학 교사가 되었다.

수학 교사가 되기까지 멀리도 돌아왔지만, 방황의 시간이 나에게 준 선물도 있다. 수포자였던 경험은 수학에서 '이해'가 얼마나 중요한지 알게 해주었다. 수포자일 때 고등학교 수학 공부를 시작하다 보니, 가장 기본적인 것부터 이해하고 넘어가야 했다. 중학교 때 배웠지만 까먹은 공식들도 어떻게 나오는지 꼭 살펴보았다.

이런 경험들이 쌓이면서 나에게는 구체적이면서 명확한 이해가 필수사항이 되었다. 일반적으로 수학 실력이 늘수록 직관력이 높아져 당연하다고 느끼는 것들이 많아지게 된다. 수학을 잘하는 친구들에게 문제를 물어보았을 때 당연하다는 대답이 돌아오는 것은 이런 직관적인 이해 때문이다. 하지만 나는 수학 실력이 늘어도 수포자일 때의 눈으로 수학을 바라보았다. 직관적인 이해보다는 구체적이고 명확한 이해를 원했다. 그래서 문제를 푼 후 답이 맞아도 풀이를 꼭 확인했다. 그리고 놓친 부분은 없는지 확인하기 위해 내 풀이와 책의 풀이를 비교했다. 가끔은 직관적으로 이해하고 넘어가면 되는 것도, 누구나 납득할 수 있는 수준으로 이해하려고 많은 시간을 들였다. 어떻게 보면 매우 비효율적이지만, 나의 이런 노력은 수학에 어려움을 느끼는 학생들 눈높이에서 수학을 바라보게 만들었다.

수학 교사가 되어서도 수업에서 '이해'를 가장 중요시했다. 수학의 원리를 잘 이해한다면 수학이 충분히 재미있으리라 생각했다. 하지만 중학교 수학을 가르치면서 느낀 점은 중학교 수학인데도 불구하고 이해하기 어려운 내용들이 많다는 것이었다. 누구나 이해할 수 있는 수준으로 수학을 바라봤더니, 중학교 수학에 새로운 변화가 필요하다는 사실을 깨달았다.

나는 평균 이하
수학 선생님

예전의 나를 떠올리며, 수학 교사가 되면 수포자에게 힘이 되자고 다짐했다. 나름 과외 경험도 많아 가르치는 것에 자신이 있었다. 그러나 학교 현장은 내가 생각했던 것보다 훨씬 가혹했다. 선행 학습을 해서 이미 수업 내용을 모두 알고 있는 학생이 있는가 하면, 수업에 집중하는 것조차 힘든 학생도 있었다. 혼자서 25명을 이끌고 가는 것은 결코 쉬운 일이 아니었다.

발령 첫 해, 수업은 날이 갈수록 힘들어졌다. 나를 걱정하던 학생이 "선생님은 코맹맹이 소리가 나서 집중이 안 돼요"라며 조언 아닌 조언을 해주었다. 그 뒤로 스피치 학원을 다니며 집중이 되는 목소리를 만들려 노력하기도 했다.

매 학기 한 번씩은 그만두고 싶다는 생각을 했다. 그 이유는 업무도, 인간관계 때문도 아니었다. 바로 수업 때문이었다. 수업이 너무 힘들었다. 한번은 수업을 마치고 화장실에 들어가 쉬는 시간 내내 운 적도 있다. 바로 들어간 수업에서 내 눈을 보고 "선생님, 우셨어요?"라고 묻는 학생 앞에서 태연하게 아닌 척을 하느라 고생했다. 지금까지도 수업이 가장 두렵다.

처음에는 학생들 탓을 했다. 시스템을 탓하기도 했다. 그러다가 어느 순간 내가 잘 가르치는 교사가 아니라는 사실을 깨달았다. 이를 인정하기는 쉽지 않았다. 하지만 주위의 선생님들을 보면서, 그리고 나에게 배우는 학생들을 보면서 알게 되었다. 나보다 집중도 잘 시키고, 모둠 활동이 더 잘 이루어지게 하고, 더 많은 학생에게 큰 도움을 주는 선생님들이 많았다. 똑같은 교과서로 똑같은 내용을 가르치는데도 말이다. 수학뿐 아니라 다른 과목에서도 잘 가르치는 선생님들이 너무 많았다. 나는 평균 이하였다. 교사들 대부분은 수업을 통해 보람을 느낀다. 나 역시 그렇다. 수업에서 보람을 느끼지 못한다면 스스로 부끄러운 교사가 될 것이 뻔했다.

그래서 수업 내용에 대한 고민을 많이 하기 시작했다. 가르치는 실력이 부족하다 보니, 수업의 질을 높이기 위해서 노력했다. 학생들이 더 잘 이해할 수 있도록, 수학적 사고력을 더 향상시킬 수 있도록 수업을 구상했다. 지금 생각해보면 수업을 더 잘하고 싶었던 바람이 수학을 새롭게 볼 수 있도록 끊임없이 도와준 것 같다.

수학을
새롭게 봄

수학을 새롭게 보았던 의미 있는 첫 경험은 대학교 3학년 때였다. 부채꼴의 넓이를 구하는 새로운 방법을 발견했던 것이다. 순환소수와 관련된 특별한 풀이법도 발견했다. 이 경험은 나에게 매우 중요했다. 그때까지 학교 수학에서 새로운 내용이 나올 수 있다는 생각을 해본 적이 없었다. 수학 교과서의 내용은 무수히 많은 사람에 의해 만들어졌기 때문에 의심할 수 있는 것이라 생각하지 못했다. 만약 수학에서 새로운 것을 발견한다면, 아직 누구도 가보지 못한 어려우면서도 새로운 영역에서 이뤄질 것이라 생각했다. 수많은 사람이 중학교 수학을 배웠기 때문에, 중학교 수학에서 새롭게 나올 만한 내용이 있었다면 누군가 진즉에 발견했을 것이라는 생각도 있었다. 하지만 발견한 내용이 대단한 것인지 사소한 것인지를 떠나, 중학교 수학에서도 새로운 발견을 할 수 있다는 가능성을 찾은 것만으로도 나는 큰 충격을 받았고 동시에 희망을 얻었다.

이런 경험이 있었기에 나는 중학교 수학을 보며 의문을 가질 수 있었다. 교과서의 설명보다 더 잘 이해할 수 있는 방법은 없을까? 수학적 사고력을 향상시킬 수 있는 지도 방법은 없을까? 수학이 좀 더 따스해질 수는 없는 걸까?

수포자였던 경험은 수학을 쉽게 이해할 수 있도록 해주었고, 수업에 대한 고민은 새로움으로 달려가게 만들었다. 수학을 이해하는 새로운 방법을 찾기 위한 모험은 첫 '유레카'에서 이미 시작되었다. 그렇게 하나하나씩 발견은 이루어졌다.

수학에도
봄이 온다

수학은 추웠다. 수학은 매우 논리적이고 냉정하여 더 춥게 느껴졌다. 많은 학생이 수학의 추위 때문에 힘들어했다. 세기가 바뀌면서 수학이 조금이나마 따스해지면 좋았겠지만, 우리가 배우는 수학은 여전히 춥다. 수학의 추위를 거뜬히 이겨낸 친구들이 주위에 있기에, 수학의 추위는 억지로 견뎌야 하고 이겨내야 한다는 인식이 그동안 있었다.

하지만 현재, 수학을 따스하게 하려는 노력이 보이기 시작한다. 배움의 공동체, 하브루타 수업, 거꾸로 수업 등 수업 혁신을 통해 수학의 온도를 높이려고 하고 있다. 또한 많은 선생님이 수업의 재구성을 통해 수업의 변화를 만들고 있다. 최근에는 수학 선생님들이 함께 집필한 『수학의 발견』이라는 대안 수학 교과서가 나왔다. 학생들이 중심이 되는 수업을 만들기 위해 노력한 결과물이다. 어떤 수업은 수학을 실생활이나 사회 현상, 또는 예술과 연결한다. 다양한 체험 활동을 하면서 수학을 흥미롭게 배우는 수업도 있다. 이런 노력들로 수학의 온도가 조금씩 올라가는 중이다.

이제 수학의 온도를 더 확실히 끌어올려려야 할 시간이다. 4차 산업혁명 시대에 수학의 비중은 더 높아지고 있으며, 사회는 수학적 사고력으로 새로운 문제들을 해결하는 창의적인 인재를 필요로 하고 있다.

현재 우리가 배우고 있는 수학의 문제점은 모두가 알고 있다. 결과보다는 과정, 계산보다는 이해가 중요하다. 수학적 사고력은 과정과 이해 중심의 학습에서 길러지기 때문이다. 그리고 창의성까지 키워주는 수학을 앞으로 배워야 한다. 많은 전문가가 이렇게 수학 교육이 나아가야 할 방향을 말하지만, 구체적인 방법을 제시하는 건 쉽지 않은 일이다.

현직 수학 교사로서 항상 수업에 대해 고민했다. 중학교 수학 교과서에 실린 대로 개념을 가르치는 것이 과연 최선인지에 대한 의문이 들었다. 학생들이 더 이해하기 쉽고 수학적 사고력도 높일 수 있는 다른 방법은 없을까 하는 고민이었다. 교과서는 비례식을 사용해 부채꼴의 넓이를 구한다. 정수의 뺄셈은 항상 정수의 덧셈을 이용하여 계산한다.

연립방정식은 가감법과 대입법으로만 푼다. 내가 중학생일 때 배웠던 내용과 똑같다. 교과서에서 나오는 수학 개념의 핵심 아이디어는 한참 동안 변하지 않았던 것이다.

하지만 이 방법들이 수학을 배우는 최고의 방법일까? 수학은 논리적으로 완벽한 학문이기 때문에, 지금 학교에서 가르치는 수학이 최고의 방법이라고 생각할 수도 있다. 그러나 수학을 연구하는 입장이 아닌 수학을 배우는 입장에서, 학생들이 배우기에 가장 좋은 수학적인 내용을 다루고 있는지 한번 고민해봐야 한다.

수학을 새롭게 봄으로써 수학에도 봄이 올 수 있다. 여기서 새롭게 본다는 것은 학생들이 수학을 더 잘 이해할 수 있도록 가르치는 내용을 바꿔보자는 뜻이다. 똑같이 부채꼴의 넓이를 배워도 새로운 수학적인 방법으로 접근하자는 것이다. 수업의 재구성을 넘어 '개념의 재구성'이 필요하다. 개념의 재구성은 '수학 개념의 핵심 아이디어를 학생들이 더욱 잘 이해할 수 있도록 재구성한다'는 의미다.

그동안 우리는 수학 교육을 바꾸기 위해 많은 노력을 해왔지만, 정작 수학의 알맹이는 항상 옳은 것이라고 여겨 바꿀 생각을 하지 못했다. 우리가 배우는 수학이 변하려면 수학의 알맹이인 수학 개념의 핵심 아이디어가 바뀌어야 한다. 이제는 논리적으로 완벽한 수학적인 내용도 새롭게 바꾸려는 시도가 필요하다. 예전 수학자들이 발견한 과정을 그대로 따라가는 것은 학생들에게 너무 어려운 일이다.

나는 2009년부터 2018년까지 10년 동안 새로운 수학적인 내용들을 발견했다. 수포자였던 경험과 수학 수업에서 어려움을 겪은 경험에 창의적인 생각을 더해, 수학을 새롭게 볼 수 있었다. 이 책은 그중 중학교

1, 2학년 수학 교과서에 있는 내용을 다룬다. 중학생이면 충분히 이해할 수 있는 수준이다. 개념의 재구성과 관련된 내용과 수학의 이해를 돕기 위해 같이 다루었으면 하는 내용을 책에 실었다. 지금까지 보지 못했던 새로운 수학 아이디어들을 소개해보고자 했다. 학생과 선생님 그리고 일반 독자들이 이 책을 읽음으로써 수학 교육에 변화의 봄바람이 불기를 기대해본다.

부채꼴의 넓이를 유도하기 위해 반드시 비례식을 이용해야 하는지, 정수의 뺄셈은 꼭 덧셈으로 바꿔 계산해야 하는지, 책을 보면서 해답을 찾길 바란다. 이러한 '개념의 재구성'이 결과 중심이 아닌 과정 중심인 수학 수업으로 이어지길 희망해본다. 그리고 학생들이 계산보다는 이해에 초점을 맞추고, 다양한 수학적 사고를 통해 수학에서도 창의성을 발휘할 수 있기를 바랄 뿐이다.

이 책의 내용은 학생뿐 아니라 일반 독자들에게도 유익할 것이다. 책을 읽는 것만으로도 사고의 틀이 확장되고, 그것이 창의적인 생각의 밑거름이 되었으면 좋겠다. 더불어 수학 선생님들이 이 책을 읽고, 또 다른 개념의 재구성을 발견하기를 바란다. 그리고 그 내용들을 서로 공유한다면, 학생들이 배우는 수학은 더욱 따스해질 것이다. 또한 개념의 재구성을 현재 학교 현장에서 이루어지는 노력들(수업 혁신, 수업의 재구성 등)과 함께한다면 수학의 봄은 더 빨리 찾아올 것이다.

이제 수학에도 봄이 찾아온다.

차례

CHAPTER 3

정수의 덧셈과 뺄셈

기존의 방법에서 벗어나자

CHAPTER 4

연립방정식

다양한 접근은 이해를 넘어 새로움을 만든다

CHAPTER 5

일차함수
그래프로 이해하면 궁금증이 해결된다

CHAPTER 6

확률
오개념에서 벗어나자

CHAPTER 1

부채꼴

기하는 기하답게
접근하자

1

기하로 접근하는
수학의 원리

수학에는 삼각형, 사각형, 원 등 여러 가지 도형이 등장한다. 도형을 다루는 영역을 중학교에서는 '기하'라고 부른다. 기하 영역에서는 직접 눈에 보이는 도형들을 수학적으로 탐구하며 여러 가지 성질을 살펴본다. 도형은 그림으로 나타낼 수 있어 수학의 이해를 돕는다. 초등학교 때 배우는 도형의 넓이에 대한 공식들을 살펴보자.

평행사변형의 넓이는 (밑변의 길이)×(높이)이다. 왜 이런 공식이 나왔을까? 이는 별다른 설명 없이 그림만으로 간단히 이해할 수 있다.

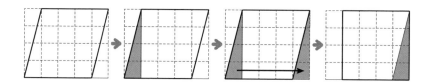

(평행사변형의 넓이) = (직사각형의 넓이) = (밑변의 길이)×(높이)

마찬가지로 삼각형의 넓이와 사다리꼴의 넓이 역시 간단한 그림으로 설명할 수 있다.

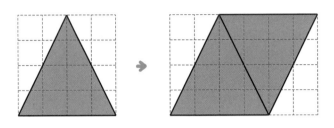

(삼각형의 넓이) = (평행사변형의 넓이)÷2
= (밑변의 길이)×(높이)÷2

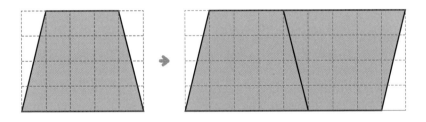

(사다리꼴의 넓이) = (평행사변형의 넓이)÷2
= (밑변의 길이)×(높이)÷2
= (윗변+아랫변)×(높이)÷2

나눗셈을 모르는 아이에게 10÷2=5라는 것을 어떻게 설명할 수 있을까? 10개의 도형(원)과 사각형만 있으면 된다. 도형들을 적절하게 배치하고 묶어주면 된다.

홀수들의 합인 $1+3+5+7+9+11$을 구해보자. 차근차근 하나씩 더해볼 수도 있지만, 도형들을 적절하게 배치하면 합이 눈에 보인다.

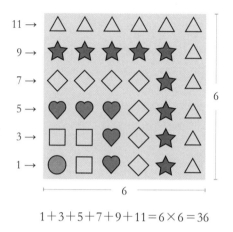

$$1+3+5+7+9+11=6 \times 6=36$$

이렇듯 기하는 수학의 다른 영역을 이해하는 데 도움을 주기도 한다. 수학의 성질들을 그림으로 이해하다 보면, 머릿속에서 그림을 그릴 수 있다. 상상 속에서 그리는 그림들은 수학이 어려워질수록 빛을 발한다. 따라서 머릿속에서 그림을 그리는 연습을 충분히 할 필요가 있다.

하지만 얄궂게도 우리는 기하 자체를 기하답게 배우지 못하고 있다. 중학교 1학년에 배우는 부채꼴의 넓이가 그렇다. 식의 도움을 많이 받다 보니, 부채꼴이라는 도형만 다룰 뿐 기하를 제대로 배울 기회를 놓친다. 수학 공부에 있어서 중학교 1학년은 중요한 시기다. 하지만 도형의 성질을 머릿속에 상상할 수 없는 방식으로 배우다 보니 수학이 더욱 어려워지고 수포자의 길에 들어서기 시작한다. 따라서 처음부터 기하를 기하답게 배워, 수학을 이해하는 눈을 만들어야 한다. 고등학교 3학년까지 6년 동안, 수학을 공부하는 데 기하가 많은 도움이 될 수 있게 말이다. 그 시작이 부채꼴의 넓이가 되길 바란다.

우선 교과서의 부채꼴의 넓이 단원에서 문제가 되는 내용이 무엇인지 살펴볼 것이다. 그리고 기하답게 부채꼴의 넓이를 구하는 방법을 알아보기로 하겠다. 기하답게 바라본다면, 중학교 2학년 때 배우는 닮음도 쉽게 이해할 수 있다.

교과서에 나오는
부채꼴의 넓이 구하기

교과서에서는 부채꼴의 넓이를 어떻게 구하고 있을까? 부채꼴의 넓이는 중학교 1학년 평면도형 단원에서 배운다. 비교적 쉬운 내용부터 다루기 때문에 겁먹을 필요 없다.

다음은 교과서에서 쉽게 볼 수 있는 탐구활동이다.

탐구활동 💡

다음 그림은 원 모양의 색종이를 반으로 세 번 접은 다음 펼친 것이다.

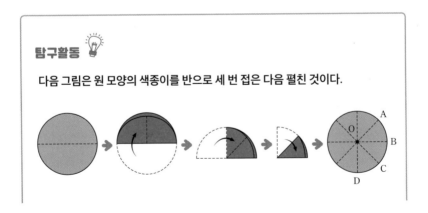

1. 부채꼴 AOC의 중심각의 크기는 부채꼴 AOB의 중심각의 크기의 몇 배인가?

2. 부채꼴 AOD의 중심각의 크기는 부채꼴 AOB의 중심각의 크기의 몇 배인가?

3. 부채꼴 AOC의 넓이는 부채꼴 AOB의 넓이의 몇 배인가?

4. 부채꼴 AOD의 넓이는 부채꼴 AOB의 넓이의 몇 배인가?

위의 활동을 통해 알 수 있는 간단한 수학적인 사실들을 살펴보자.

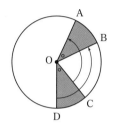

오른쪽 그림과 같이 부채꼴 COD를 회전시키면 부채꼴 AOB에 완전히 포갤 수 있다. 따라서 한 원에서 중심각의 크기가 같은 두 부채꼴의 넓이는 같다.

탐구활동의 질문에 답을 하다 보면, 한 원에서 부채꼴의 중심각의 크기가 2배, 3배, … 가 되면 부채꼴의 넓이도 2배, 3배, … 가 된다는 것을 알 수 있다. 머릿속에 부채꼴을 떠올려보자. 중심각의 크기가 2배, 3배가 된 부채꼴은 처음의 부채꼴 2개, 3개를 이어 붙여 만들 수 있다. 그러니 당연히 넓이도 2배, 3배가 된다. 잘 따라오고 있다. 그만큼 도형은 눈에 보이기 때문에 우리 모두 직관적으로 이해할 수 있다.

교과서는 다음과 같이 부채꼴의 성질을 정리한다.

부채꼴의 중심각의 크기와 넓이 사이의 관계

한 원에서 부채꼴의 넓이는 중심각의 크기에 정비례한다.

여기서 정비례는 '한쪽 양이 커질 때 다른 쪽 양도 같은 비로 커지는 관계'를 뜻한다. 중심각의 크기가 2배, 3배, … 가 되면 넓이도 2배, 3배, … 가 되므로 두 양은 서로 정비례 관계에 있다. 교과서는 왜 부채꼴의 성질을 정비례라는 단어로 정리했을까? 바로 다음과 같이 정비례를 이용하여 부채꼴의 넓이를 구하기 때문이다.

반지름의 길이가 r이고 중심각의 크기가 $a°$인 부채꼴의 넓이를 S라고 하자. 정비례 관계를 이용하면 비례식을 세울 수 있다. 원은 중심각의 크기가 360°인 부채꼴로 볼 수 있고, 부채꼴의 넓이는 중심각의 크기에 정비례하므로 다음과 같이 비례식을 세운다.

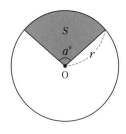

$$S : \pi r^2 = a : 360$$

위의 비례식에서 외항의 곱과 내항의 곱이 같다는 성질을 이용한다.

$$S \times 360 = \pi r^2 \times a$$

양변을 360으로 나눠서 식을 정리하면

$$S = \pi r^2 \times \frac{a}{360}$$

비례식을 이용하여 부채꼴의 넓이를 구하는 공식을 이끌어냈다.

깔끔하게 공식을 얻었지만 이 과정이 충분히 이해가 되었는지 묻고 싶다. 만약 중간에 막힘이 있었다면 그곳은 어디일까? 시각화는 기하 영역에서 수학을 다루는 데 큰 도움이 된다. 중학교에서는 머릿속에 충분히 시각화할 수 있는 수준의 도형을 다룬다. 부채꼴의 중심각의 크기와 넓이의 관계 역시 시각화할 수 있다. 하지만 비례식을 사용함으로써 머릿속에 상상하며 그리는 것이 불가능해진다. 시각화가 되지 않으니 이해하기도 어렵고 막힘이 생긴다. 비례식을 이용하여 공식을 이끌어 내는 과정에서 우리는 단순히 식을 정리할 뿐 도형을 사용하지 않는다. 우리는 부채꼴의 넓이를 기하답지 못하게 배우고 있는 것이다.

공식을 배운 이후로 '기하'는 더욱 자취를 감춘다. 교과서의 흐름을 살펴보자. 부채꼴의 넓이를 구하는 문제가 나온다. 문제에는 부채꼴 그림이 하나 있을 뿐이다. 학생들은 반지름과 중심각의 크기를 알기 위해서만 그림을 사용한다. 그것도 대부분 숫자가 그대로 나와 있어 굳이 그림을 도형으로 인식하지 않아도 된다. 수를 공식에 대입하여 식을 정리하고 계산한다. 이런 문제를 반복해서 풀며 답을 구하는 연습을 한다. 빠르고 실수 없이 말이다.

[문제 1] --

오른쪽 그림과 같이 반지름의 길이가 6cm이고 중심각의 크기가 150°인 부채꼴의 넓이를 구하여라.

풀이 부채꼴의 넓이를 S라 하면

$$S = \pi \times 6^2 \times \frac{150}{360} = 15\pi \ (\text{cm}^2)$$

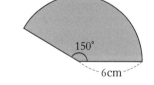

여기서 교과서가 기하답지 못한 이유가 또 나온다. 부채꼴 단원의
주된 문제들이 [문제 1]과 같다 보니 학생들은 공식만 외우고 있으면
된다. 문제 자체가 기하답지 못하며, 공식만 알고 있으면 풀 수 있다.
그러니 공식이 나오는 과정을 이해할 필요도 없다. 부채꼴의 넓이 단원
은 엄연히 도형을 다루는 부분이다. 그런데 정비례 관계를 이끌어내는
데까지만 도형의 관점에서의 직관적인 이해가 필요할 뿐, 그 뒤로는 식
을 세워 계산하기만 하면 된다. 공식을 이끌어내는 것도 비례식을 이용
하고, 공식에 수를 대입하여 정리하는 것도 단순 계산이다. 다른 문제
들을 살펴봐도 [문제 2]처럼 계산 과정을 어렵게 만들어 계산 연습만
더 시킬 뿐이다. 4차 산업혁명을 앞두고 있는 시대에 빠르고 정확한 계
산이 무슨 의미가 있을까? 지금도 컴퓨터가 우리보다 훨씬 더 빠르고
정확하게 계산할 수 있다.

[문제 2]

다음 그림에서 색칠한 부분의 넓이를 구하여라.

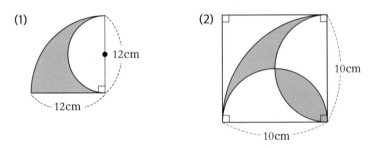

(1) 12cm 12cm

(2) 10cm 10cm

교과서에 나온 방식대로 부채꼴의 넓이를 구한다는 건 두 가지 점에

서 이상한 일이다. 비례식을 통해 공식을 이끌어내는 기하답지 않은 방법을 사용한다는 것. 그리고 그 공식에 단순히 수를 대입하여 계산하는 연습을 한다는 것. '기하'를 다루는 도형 단원이 '식의 계산' 단원이 되어버린 셈이다.

2

부채꼴의 넓이,
이제는 기하답게

기하다운
접근의 시작

앞에서 보았듯이 교과서 속 부채꼴의 넓이 구하기는 '기하'답지 못하다. 비례식이 등장하면서 정작 중요한 원과 부채꼴 사이의 넓이 관계에 대해 기하답게 사고할 기회를 만들어주지 못한다.

이제 원과 부채꼴 사이의 넓이 관계를 시각화하여 수학적인 의미와 사고를 눈으로 직접 볼 수 있는 방법으로 부채꼴의 넓이를 구해보려고 한다. 도형을 그대로 도형으로 다루면 머릿속에 부채꼴의 넓이를 구하는 방법을 자연스럽게 떠올릴 수 있다. 기하답게 부채꼴의 넓이를 구해보면서 좀 더 쉽고 재미난 수학을 경험해보도록 하자.

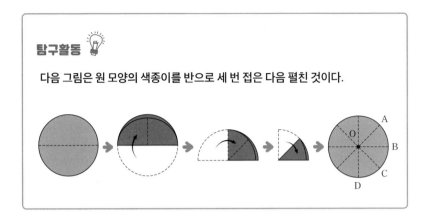
교과서의 탐구활동을 그대로 가져오자. 똑같이 원 모양의 색종이를 세 번 접은 다음 펼친다. 하지만 질문을 바꿔보자.

1. 부채꼴 AOB 몇 개로 원을 채울 수 있는가?
2. 부채꼴 AOB의 넓이는 원의 넓이의 몇 분의 몇인가?

우리는 이 질문에 쉽게 답할 수 있다. 그림을 살펴보면 원은 부채꼴 AOB와 모양이 똑같은 부채꼴 8개로 이루어진다. 따라서 부채꼴 AOB 8개로 원을 채울 수 있다. 이를 반대로 생각해 원의 넓이를 8로 나누면 부채꼴 AOB의 넓이를 구할 수 있다. 따라서 부채꼴 AOB의 넓이는 원의 넓이의 $\frac{1}{8}$ 이다. 비례식과 공식을 이용하지 않고도 손쉽게 부채꼴의 넓이를 구했다.

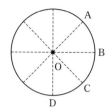

원은 부채꼴 AOB 8개로 이루어져 있다.

→ (부채꼴 AOB의 넓이) = (원의 넓이) $\times \dfrac{1}{8}$

같은 방법으로 다양한 부채꼴의 넓이를 직접 구해보자. 원을 부채꼴로 나누고 빈칸을 채워보자.

중심각 크기	180°	120°	90°
원을 부채꼴로 나눠보자			
부채꼴 몇 개로 원이 채워지는가?	2개	( )개	( )개
부채꼴 하나의 넓이	(원의 넓이)$\times\dfrac{1}{2}$	(원의 넓이)$\times\dfrac{1}{(\ \ )}$	(원의 넓이)$\times\dfrac{1}{(\ \ )}$
중심각 크기	**60°**	**45°**	**30°**
원을 부채꼴로 나눠보자			
부채꼴 몇 개로 원이 채워지는가?	( )개	( )개	( )개
부채꼴 하나의 넓이	(원의 넓이)$\times\dfrac{1}{(\ \ )}$	(원의 넓이)$\times\dfrac{1}{(\ \ )}$	(원의 넓이)$\times\dfrac{1}{(\ \ )}$

하나의 원은 중심각의 크기가 30°인 부채꼴 12개로 채울 수 있다. 원의 중심각의 크기인 360을 30으로 나누면 쉽게 알 수 있다. $360 \div 30 = 12$. 따라서

$$(\text{중심각의 크기가 30°인 부채꼴의 넓이}) = (\text{원의 넓이}) \times \frac{1}{12}$$

하나의 원이 똑같은 부채꼴 여러 개로 채워진다면 부채꼴 하나의 넓이를 구할 수 있다. 즉, 똑같은 부채꼴 여러 개로 원을 채울 수 있으면 부채꼴의 넓이를 구할 수 있다. 이것이 바로 부채꼴의 넓이를 구하는 기하다운 접근 방법이다. 나머지 부채꼴의 넓이도 구해보면 다음과 같다.

$$(\text{중심각의 크기가 45°인 부채꼴의 넓이}) = (\text{원의 넓이}) \times \frac{1}{8}$$

$$(\text{중심각의 크기가 60°인 부채꼴의 넓이}) = (\text{원의 넓이}) \times \frac{1}{6}$$

$$(\text{중심각의 크기가 90°인 부채꼴의 넓이}) = (\text{원의 넓이}) \times \frac{1}{4}$$

$$(\text{중심각의 크기가 120°인 부채꼴의 넓이}) = (\text{원의 넓이}) \times \frac{1}{3}$$

다른 부채꼴의 넓이도 구해보자.

중심각의 크기가 18°인 부채꼴이 있다. 이 부채꼴의 넓이는 얼마일까?

풀이

1) 부채꼴 몇 개로 원이 채워지는가?

→ 360 ÷ 18 = 20이므로 20개로 원을 채울 수 있다.

2) 부채꼴의 넓이는?

→ 따라서 중심각의 크기가 18°인 부채꼴의 넓이는 (원의 넓이) $\times \dfrac{1}{20}$ 이다.

부채꼴의 넓이를 구하는 것은 이렇게나 간단
하다. 혹시 기본적인 부채꼴의 넓이를 구해보면
서, 오른쪽 그림 같은 부채꼴의 넓이는 어떻게 구
해야 할까 하는 의문이 떠올랐는가? 그렇다면 머
릿속에서 수학적 사고가 생겨나기 시작한 것이다.

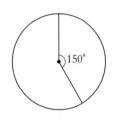

　중심각의 크기가 150°인 부채꼴은 어떻게 구할까? 이 부채꼴은 앞의
부채꼴과 다르다. 부채꼴 2개로는 원을 채우기에 부족하고, 3개로는 원
하나를 넘어버린다. 공식에 대입하여 (원의 넓이) $\times \dfrac{150}{360}$ 이라 대답하
지 않기를 바란다. 우리는 기하답게 부채꼴의 넓이를 구하고 있다. 공
식을 모른다고 가정하고 처음부터 하나씩 시작하자. 수업에서도 미리
유의점을 말하지만 끝까지 예습한 공식을 사용하는 학생들이 있다. 이

러면 기하답게 접근할 기회를 놓치고 만다. 해답을 같이 살펴보겠지만 그전에 스스로 해결해보자. 약간의 힌트를 주자면 위에서 구한 중심각의 크기가 30°, 45°, 60°, 90°인 부채꼴들을 활용하는 것이다. 이처럼 수학은 기존에 알고 있는 내용으로 새로운 사실을 알아내는 사고의 과정이다. 구구단을 알고 있어야 19×83을 계산할 수 있는 것처럼 말이다.

중심각의 크기가 150°인 부채꼴의 넓이는?

앞에서 우리는 30°, 45°, 60°, 90° 부채꼴의 넓이를 구했다.(수학적인 표현의 정확성보다는 가독성을 위해 지금부터 '중심각의 크기가 30°인 부채꼴'을 '30° 부채꼴'로 간단히 쓰겠다.)

$$(30° \text{ 부채꼴의 넓이}) = (\text{원의 넓이}) \times \frac{1}{12}$$

$$(45° \text{ 부채꼴의 넓이}) = (\text{원의 넓이}) \times \frac{1}{8}$$

$$(60° \text{ 부채꼴의 넓이}) = (\text{원의 넓이}) \times \frac{1}{6}$$

$$(90° \text{ 부채꼴의 넓이}) = (\text{원의 넓이}) \times \frac{1}{4}$$

이 4개의 부채꼴만 이용해도 150° 부채꼴의 넓이를 다양한 방법으로 구할 수 있다. 150＝60＋90이므로, 오른쪽 그림처럼 60° 부채꼴 하나와 90° 부채꼴 하나를 붙여 150° 부채꼴을 만들 수 있다.

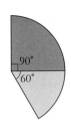

이를 식으로 쓰면

(150° 부채꼴의 넓이)

＝(60° 부채꼴의 넓이)＋(90° 부채꼴의 넓이)

＝(원의 넓이)×$\frac{1}{6}$＋(원의 넓이)×$\frac{1}{4}$

이를 계산하면

＝(원의 넓이)×($\frac{1}{6}$＋$\frac{1}{4}$)＝(원의 넓이)×($\frac{2}{12}$＋$\frac{3}{12}$)

＝(원의 넓이)×($\frac{2+3}{12}$)＝(원의 넓이)×$\frac{5}{12}$

또한 150＝30×5이므로, 오른쪽 그림처럼 30° 부채꼴 5개로 150° 부채꼴의 넓이를 구할 수 있다.

(150° 부채꼴의 넓이)

＝(30° 부채꼴의 넓이)×5(개)＝(원의 넓이)×$\frac{1}{12}$×5

따라서 90° 부채꼴과 60° 부채꼴을 이용한 첫 번째 방법과 결과가 같다.

사실 30°, 45°, 60°, 90° 부채꼴로 150° 부채꼴을 채울 수 있는 방법을 모두 구해보면 총 7가지나 된다. 구해보지 않아도 넓이는 모두 같을 수밖에 없다.

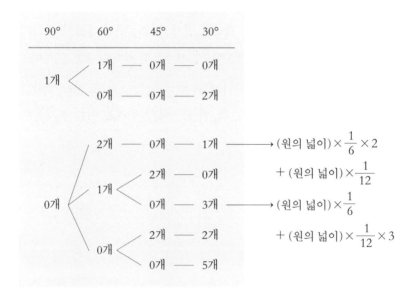

기하답게 접근하면 이렇게 다양한 방법으로 부채꼴의 넓이를 구할 수 있다. 150° 부채꼴을 구하는 7가지 방법 중 가장 쉬운 방법은 무엇일까? 여러 부채꼴보다 한 종류의 부채꼴을 이용하면 가장 편할 것이다. 즉, 30° 부채꼴 5개를 이용하는 것이 가장 쉬운 방법이다. 이것은 초등학생도 이해할 수 있는 방법이다. 중학교 수학을 초등학생이 이해한다니? 지금부터 그 이유가 무엇인지 살펴보자.

초등학생 3학년도 구할 수 있는
부채꼴의 넓이

교과서 지도 방법으로는 중학교 1학년이 되어야 부채꼴의 넓이를 구할 수 있다. 비례식과 정비례의 개념을 먼저 배워야 하기 때문이다. 하지만 기하답게 접근하면 초등학생 3학년도 부채꼴의 넓이를 구할 수 있다.

우리는 초등학교 3학년 때 처음으로 분수를 만난다. 전체와 부분의 크기를 비교하며 분수를 배우는데, 이 과정에서 우리는 이미 부채꼴의 넓이를 구할 수 있었다.

초등학교 3학년 1학기 교과서의 6단원 '분수와 소수'의 내용을 살펴보자.

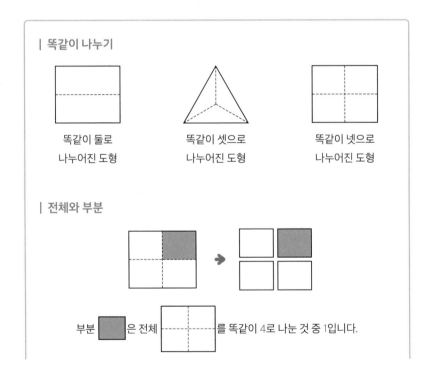

| 분수 알아보기

전체를 똑같이 5로 나눈 것 중 1을 분수로 $\frac{1}{5}$ 이라 쓰고 오분의 일이라고 읽습니다.

$\frac{1}{2}, \frac{2}{3}, \frac{4}{5}$ 와 같은 수를 분수라고 합니다.

분수에서 가로선의 아래쪽에 있는 수를 분모, 위쪽에 있는 수를 분자라고 합니다.

'똑같이 4로 나눈 것 중 1'이라는 의미는 반대로 생각하면 '부분에 해당하는 1이 4개 있으면 전체가 된다'는 뜻이다.

분수의 개념을 배우면서 원도 자주 등장한다.

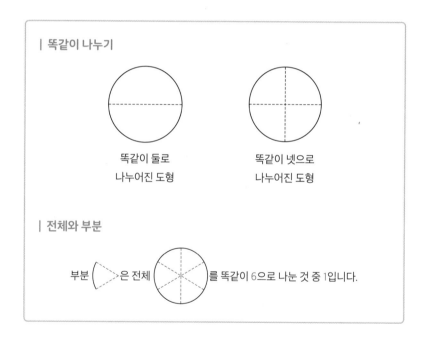

| 똑같이 나누기

똑같이 둘로
나누어진 도형

똑같이 넷으로
나누어진 도형

| 전체와 부분

부분 ◁은 전체 ⊛를 똑같이 6으로 나눈 것 중 1입니다.

분수의 개념을 배우기 위한 과정이지만 넓이의 관점에서 보면 부채꼴 하나의 넓이를 구하는 방법과 일치한다. 원을 똑같이 6으로 나눈 것

중 1이 부채꼴 하나이므로, 부채꼴의 넓이는 원의 넓이의 $\frac{1}{6}$이다. 이를 식으로 정리하면 (원의 넓이)$\times\frac{1}{6}$이다. 우리는 사실 분수를 배우면서 부채꼴의 넓이를 구하는 방법을 배운 것이다.

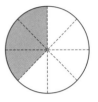

오른쪽 원에서 색칠한 부분은 전체를 똑같이 8로 나눈 것 중 3이다. 색칠한 부분은 전체의 $\frac{3}{8}$. 따라서 색칠한 부채꼴의 넓이는 원의 넓이의 $\frac{3}{8}$이다. 이 부채꼴은 자신만으로는 원을 채울 수 없다. 하지만 이렇게 스스로 원을 채울 수 없는 부채꼴의 넓이를 구하는 방법도 초등학교 3학년 수학으로 이해할 수 있다.

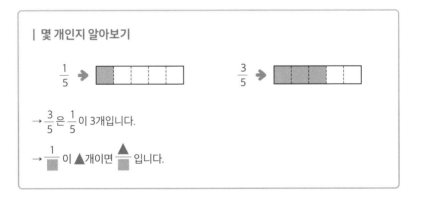

| 몇 개인지 알아보기

→ $\frac{3}{5}$은 $\frac{1}{5}$이 3개입니다.

→ $\frac{1}{\blacksquare}$이 ▲개이면 $\frac{▲}{\blacksquare}$입니다.

$\frac{3}{5}$은 $\frac{1}{5}$이 3개다. 마찬가지로 위의 색칠한 부채꼴은 원의 넓이의 $\frac{3}{8}$인데 $\frac{3}{8}$은 $\frac{1}{8}$이 3개다. 원의 넓이의 $\frac{1}{8}$은 45° 부채꼴이다. 따라서 45° 부채꼴 3개로 색칠한 부채꼴의 넓이를 구할 수 있다.

이제 150° 부채꼴로 돌아오자. 이 부채꼴은 넓이를 바로 구할 수 없으므로 다른 부채꼴의 도움을 받아야 한다. 150° 부채꼴은 30° 부채꼴 5

개로 이루어져 있다. 그리고 $30°$ 부채꼴은 원의 넓이의 $\frac{1}{12}$ 이다. $\frac{1}{12}$ 이 5개이면 $\frac{5}{12}$ 이다. 따라서 $150°$ 부채꼴은 전체를 똑같이 12로 나눈 것 중 5개다.

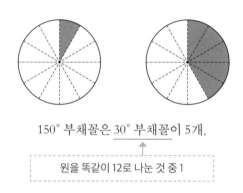

$150°$ 부채꼴은 <u>$30°$ 부채꼴</u>이 5개.

↑

원을 똑같이 12로 나눈 것 중 1

$30°$ 부채꼴은 원의 $\frac{1}{12}$ 이다. $\frac{1}{12}$ 이 5개면 $\frac{5}{12}$ 이다.

그러므로 $150°$ 부채꼴은 원의 $\frac{5}{12}$ 이다.

결국 $150°$ 부채꼴의 넓이는 원의 넓이의 $\frac{5}{12}$, 즉 (원의 넓이)$\times\frac{5}{12}$ 이다. 정비례와 비례식을 이용한 공식 없이도 초등학교 3학년 때 배우는 분수 개념만 알면 부채꼴의 넓이를 구하고 이해할 수 있다.

기하답게 부채꼴의
넓이 구하기

지금까지 우리가 넓이를 구했던 부채꼴들을 살펴보자. 넓이를 직접 구할 수 있었던 부채꼴은 $30°$, $45°$, $60°$, $90°$ 부채꼴이다. $150°$ 부채꼴은 여러 가지 방법으로 구할 수 있었다. 그중에서 한 종류의 부채꼴만 이용하는 방법에 집중하도록 하자. 30° 부채꼴 5개를 이용한 방법이 초등학교 3학년도 이해할 수 있을 정도로 가장 간단하고 편하기 때문이다.

한 가지 부채꼴들로 원을 채울 수 있다면, 이를 '기본이 되는 부채꼴'이라 부르자. 원을 채울 수 있으므로 똑같은 부채꼴로 원을 똑같이 나눌 수도 있다. 30°, 45°, 60°, 90° 부채꼴이 여기에 해당한다. 이 부채꼴들은 다른 부채꼴의 넓이를 구하는 데 사용될 수 있기 때문에 '기본'이라는 단어가 수학적으로도 어울린다고 생각한다.

기본이 되는 부채꼴은 수학적으로 어떤 성질을 가지고 있을까? 원을 똑같이 나눌 수 있다는 사실의 수학적인 의미를 살펴보자. 기본이 되는 부채꼴의 중심각은 원의 중심각의 크기인 360을 정확히 나눌 수 있어야 한다. 다시 말해 중심각의 크기가 360의 약수이면 기본이 되는 부채꼴이 된다. 30, 45, 60, 90은 360의 약수이기 때문에 30°, 45°, 60°, 90° 부채꼴은 기본이 되는 부채꼴이다.

기본이 되는 부채꼴의 성질을 이용하면 150° 부채꼴의 넓이를 다른 방법으로도 구할 수 있다. 기본이 되는 부채꼴을 다르게 정하면 된다. 30° 부채꼴 말고 다른 부채꼴을 생각해보자. 원도 채우면서 150° 부채꼴도 채우는 부채꼴 말이다.

10° 부채꼴은 36개로 원을 채운다. 그리고 15개로 150° 부채꼴을 채운다. 따라서 다음과 같이 150° 부채꼴의 넓이를 구할 수 있다.

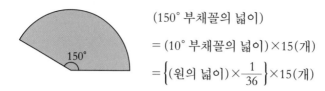

$$(150° \text{ 부채꼴의 넓이})$$
$$= (10° \text{ 부채꼴의 넓이}) \times 15(\text{개})$$
$$= \left\{ (\text{원의 넓이}) \times \frac{1}{36} \right\} \times 15(\text{개})$$

10° 부채꼴을 이용하면 150° 부채꼴의 넓이는 (원의 넓이)$\times\frac{1}{36}$ $\times$15이다. 약분하여 계산하면 (원의 넓이)$\times\frac{5}{12}$ 이다. 30° 부채꼴을 이용한 방법과 결과가 같다.

교과서에서 부채꼴의 넓이를 구하는 내용이 기하답지 않았던 이유는 공식을 이용해 식을 계산하여 답을 냈기 때문이다. 사실 이 문제는 수학을 배우는 많은 과정에서 나타난다. 정확한 답을 이끌어내야 하고 실수를 용납하지 않기 때문이다. 이제는 답을 구하는 것이 아니라 과정을 이해하는 데 초점을 맞추어야 한다.

교과서에서는 항상 원의 넓이를 구해야 한다. 만약 150° 부채꼴을 포함한 원의 반지름이 3이라면 공식 πr^2에 $r = 3$을 대입하여 9π라는 원의 넓이를 구한다. 그리고 $9\pi \times \frac{5}{12} = \frac{15}{4}\pi$라는 답을 구한다. 하지만 부채꼴의 넓이를 이해하는 데 원의 넓이를 구하는 것은 큰 의미가 없다. 따라서 '(원의 넓이)'를 식에 포함하는 편이 낫다. 이렇게 표현하면 $\frac{15}{4}\pi$와 같은 값을 계산할 필요가 없다. 과정에 집중하려면 최종적인 계산값을 구하지 않아도 되는 환경을 만들어주면 된다. 즉, 과정 자체가 답이 되는 것이다.

3×4와 2×6을 살펴보자. 계산값은 같지만 과정을 살펴보면 서로 다른 의미를 갖는다. '사과가 3개씩 들어 있는 박스가 4개 있다'는 3×4로 표현할 수 있고, '사과가 2개씩 들어 있는 박스가 6개 있다'는 2×6으로

나타낼 수 있다. 같은 사과 12개라도 그 의미가 다르다. 사과가 몇 개씩 몇 박스에 들어 있는지 알기 위해서는 12가 아니라 3×4 또는 2×6으로 써야 한다. 12는 단순 계산값일 뿐 아무 의미가 없다. 계산을 해서 최종적으로 하나의 답을 내는 결과 중심에서 과정 중심으로 수학 교육이 바뀌어야 한다는 뜻이다.

이런 관점에서 위에서 구한 부채꼴의 넓이를 다음과 같이 나타내자.

$$(\text{원의 넓이}) \times \frac{1}{36} \times 15$$

$(\text{원의 넓이}) \times \frac{1}{12} \times 5$처럼 약분하지도 말고, $(\text{원의 넓이}) \times \frac{15}{36}$처럼 분수로 나타내지도 말자. 단순히 계산을 시키지 않으려는 목적이 아니다. 이렇게 표현해야 부채꼴의 넓이를 구하는 과정이 그대로 보인다. 부채꼴의 넓이는 기본이 되는 부채꼴을 무엇으로 정하느냐에 따라 다르게 구할 수 있다. $(\text{원의 넓이}) \times \frac{1}{12} \times 5$는 '30° 부채꼴이 5개 있다'는 의미이고 $(\text{원의 넓이}) \times \frac{1}{36} \times 15$는 '10° 부채꼴이 15개 있다'는 뜻이다.

이렇게 표현함으로써 30° 부채꼴을 이용했는지 10° 부채꼴을 이용했는지 알 수 있다. 의미를 파악하기 위해서 다시 식을 정리할 필요가 없다.

이를 이용하여 다른 부채꼴의 넓이도 구해보자. 빈칸에 들어갈 숫자들은 무엇일까? 다양한 방법으로 구해보자.

[문제]

(중심각의 크기가 80°인 부채꼴의 넓이)

= (중심각의 크기가 ⬚인 부채꼴의 넓이) × ⬚(개)

= { (원의 넓이) × $\frac{1}{(\ \ )}$ } × ⬚(개)

80° 부채꼴도 원을 바로 채울 수 없으므로 기본이 되는 부채꼴을 이용해야 한다. 어떤 부채꼴을 이용하느냐에 따라 여러 방법이 나올 수 있다. 우선 40° 부채꼴 2개로 이 부채꼴을 채울 수 있다. 40° 부채꼴은 9개로 원을 채울 수 있으므로, 80° 부채꼴의 넓이는 (원의 넓이)×$\frac{1}{9}$×2이다. 20° 부채꼴을 이용하면 (원의 넓이)×$\frac{1}{18}$×4, 10° 부채꼴을 이용하면 (원의 넓이)×$\frac{1}{36}$×8이다. 기하답게 접근하면 부채꼴 하나의 넓이를 구해도 다양한 답이 나올 수 있다.

이제 좀 더 어려운 부채꼴의 넓이를 구해보자. 빈칸에 들어갈 숫자들을 채워보자. 머릿속의 수학적 사고를 깨워줄 문제이므로 충분히 고민해보길 바란다.

[문제]

(중심각의 크기가 41°인 부채꼴의 넓이)

= (중심각의 크기가 ⬚인 부채꼴의 넓이) × ⬚(개)

= { (원의 넓이) × $\frac{1}{(\ \ )}$ } × ⬚(개)

충분히 생각해보았다면 같이 풀어보자. 먼저 기본이 되는 부채꼴을 정한다. 41° 부채꼴을 채우는 부채꼴은 무엇일까? 41은 소수이므로 41의 약수는 1과 41이다. 따라서 41° 부채꼴을 채우는 부채꼴은 바로 1° 부채꼴이다. 그리고 1° 부채꼴이 360개 있으면 원을 채울 수 있다. 기본이 되는 부채꼴을 1° 부채꼴로 정하면, 다음과 같이 41° 부채꼴의 넓이를 구할 수 있다.

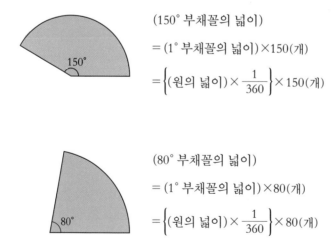

(41° 부채꼴의 넓이)

$= (1° 부채꼴의 넓이) \times 41(개)$

$= \left\{ (원의 넓이) \times \dfrac{1}{360} \right\} \times 41(개)$

구하고 보니 1° 부채꼴은 매우 유용하게 쓰일 수 있겠다. 다른 부채꼴의 넓이를 구할 때에도 사용할 수 있기 때문이다. 150° 부채꼴과 80° 부채꼴의 넓이를 구할 때도 적용해보자.

(150° 부채꼴의 넓이)

$= (1° 부채꼴의 넓이) \times 150(개)$

$= \left\{ (원의 넓이) \times \dfrac{1}{360} \right\} \times 150(개)$

(80° 부채꼴의 넓이)

$= (1° 부채꼴의 넓이) \times 80(개)$

$= \left\{ (원의 넓이) \times \dfrac{1}{360} \right\} \times 80(개)$

교과서에서 부채꼴의 넓이를 구하는 공식은 $\pi r^2 \times \dfrac{n}{360}$이다. 1° 부채꼴을 이용하면 이 공식도 기하답게 이해할 수 있다.

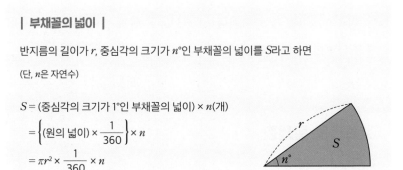

| 부채꼴의 넓이 |

반지름의 길이가 r, 중심각의 크기가 $n°$인 부채꼴의 넓이를 S라고 하면
(단, n은 자연수)

S = (중심각의 크기가 1°인 부채꼴의 넓이) × n(개)

$\quad = \left\{ (\text{원의 넓이}) \times \dfrac{1}{360} \right\} \times n$

$\quad = \pi r^2 \times \dfrac{1}{360} \times n$

1° 부채꼴로 구할 수 있는 부채꼴은 중심각의 크기가 자연수인 경우에만 가능하다. 개수는 항상 자연수이기 때문이다. 23.5개 같은 것은 생각하지 않는다. 따라서 '단, n은 자연수'라는 조건이 필요하다.

$\pi r^2 \times \dfrac{n}{360}$ 을 $\pi r^2 \times \dfrac{1}{360} \times n$으로 표현함으로써, 식을 통해 의미를 파악할 수 있다. '1° 부채꼴이 n개 있다'고 이해할 수 있는 것이다. 여기서도 $\dfrac{1}{360} \times n$을 $\dfrac{n}{360}$으로 나타내지 않은 것에 유의하자.

$$\pi r^2 \times \dfrac{1}{360} \times n$$

1° 부채꼴 n개

기하답게 부채꼴의 넓이를 구하자는 생각은 $\pi r^2 \times \dfrac{1}{360} \times n$이라는 '공식'을 의미하는 것이 아니다. 구하려는 부채꼴을 기본이 되는 부채꼴로 채워서 넓이를 구하는 과정을 의미한다. 기본이 되는 부채꼴은 1° 부채꼴뿐만 아니라 굉장히 다양한 부채꼴일 수 있다는 것을 명심해야 한다. 따라서 $\pi r^2 \times \dfrac{1}{360} \times n$이라는 식을 공식 삼아 넓이를 계산하지 않도록 주의해야 할 것이다.

기하다운 문제를 다루자

4차 산업혁명 시대에서는 하나의 문제를 다양한 방법으로 접근하는 능력을 키워야 한다. 현재 수학 교육에서도 다양한 답이 나올 수 있는 문제를 다루기를 지향한다. 하지만 수학의 특성상 최종적인 답은 하나로 정해져 있기 때문에 다양한 답이 나오기는 쉽지 않다. 그렇다 보니 수학에서 살짝 벗어나, 표현에서 다양성을 이끌어내기도 한다. 통계 포스터 만들기, 수학 일기 쓰기 등이 대표적인 예다. 충분히 좋은 활동이라 나도 수업에서 수학 일기 쓰기를 진행했었다.

그럼 수학 자체에서 다양한 답을 이끌어낼 수는 없을까? 결국 해답은 과정을 중심에 두는 것이다. 결과는 같을 수밖에 없지만 그 결과에 도달하는 다양한 과정을 생각해볼 수 있도록 유도하는 것이다. 기하답게 부채꼴의 넓이를 구하면 다양한 풀이 과정을 이끌어내는 기하다운 문제를 다룰 수 있다. 부채꼴의 넓이에 대한 기하다운 문제들을 살펴보자.

[문제] --

중심각의 크기가 80°인 부채꼴의 넓이를 3가지 다른 방법으로 구하시오.

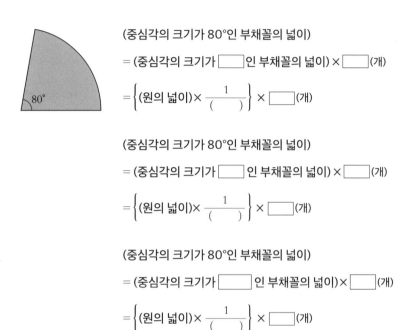

(중심각의 크기가 80°인 부채꼴의 넓이)

= (중심각의 크기가 ☐ 인 부채꼴의 넓이) × ☐ (개)

= {(원의 넓이) × $\dfrac{1}{(\ \ \ )}$} × ☐ (개)

(중심각의 크기가 80°인 부채꼴의 넓이)

= (중심각의 크기가 ☐ 인 부채꼴의 넓이) × ☐ (개)

= {(원의 넓이) × $\dfrac{1}{(\ \ \ )}$} × ☐ (개)

(중심각의 크기가 80°인 부채꼴의 넓이)

= (중심각의 크기가 ☐ 인 부채꼴의 넓이) × ☐ (개)

= {(원의 넓이) × $\dfrac{1}{(\ \ \ )}$} × ☐ (개)

이 문제는 부채꼴의 넓이를 구하는 과정을 요구하기 때문에 πr^2 $\times \dfrac{1}{360} \times n$ 이라는 공식을 외워 최종적인 계산값을 구하는 것은 의미가 없다. '1° 부채꼴이 80개 있다'는 내용까지 외웠더라도 1가지 방법만 쓸 수 있다. 하지만 이 문제는 3가지 다른 방법으로 80° 부채꼴의 넓이를 구해야 한다. 원리를 이해해야만 풀 수 있고 다양한 답이 나올 수 있는 문제다. 기본이 되는 부채꼴은 1°, 10°, 20° 부채꼴 등으로 정할 수 있다. 심지어 5° 부채꼴도 이용할 수 있다.

기본이 되는 부채꼴	1° 부채꼴	10° 부채꼴	20° 부채꼴
넓이를 구하는 식	(원의 넓이) $\times \dfrac{1}{360} \times 80$	(원의 넓이) $\times \dfrac{1}{36} \times 8$	(원의 넓이) $\times \dfrac{1}{18} \times 4$

위의 문제를 반대로 바꿀 수도 있다. 부채꼴을 구하는 식을 먼저 제시한 후 기하다운 해석을 요구하는 문제를 내는 것이다. 이를 통해 똑같은 부채꼴의 넓이를 구할 때에도 다양한 접근이 가능하다는 사실을 다시 한번 확인할 수 있다.

[문제] --

다음 부채꼴 구하는 식을 기하답게 해석하여 빈칸을 채우시오.

(원의 넓이) $\times \dfrac{1}{9} \times 5$ = (중심각의 크기가 ☐ 인 부채꼴의 넓이) $\times$ ☐ (개)

= (중심각의 크기가 ☐ 인 부채꼴의 넓이)

(원의 넓이) $\times \dfrac{1}{72} \times 33$ = (중심각의 크기가 ☐ 인 부채꼴의 넓이) $\times$ ☐ (개)

= (중심각의 크기가 ☐ 인 부채꼴의 넓이)

- -

$360 \times \dfrac{1}{9} = 40$이므로 원의 넓이의 $\dfrac{1}{9}$은 40° 부채꼴을 의미한다. 40° 부채꼴 5개로 200° 부채꼴을 채울 수 있으므로 (원의 넓이) $\times \dfrac{1}{9} \times 5$는 200° 부채꼴의 넓이를 구하는 식이다. 마찬가지로 $360 \times \dfrac{1}{72} = 5$이므로 기본이 되는 부채꼴은 5° 부채꼴이다. 5° 부채꼴 33개는 165° 부채꼴과 넓이가 같다. 따라서 (원의 넓이) $\times \dfrac{1}{72} \times 33$는 165° 부채꼴의 넓이를

구하는 식이다.

다음 문제는 다양한 풀이가 가능하면서도 기하다운 접근이 얼마나 유용한지 보여주는 문제이다. (교과서의 공식으로도 해결할 수 있게 원의 넓이를 주었다.) 한번 해결해보자.

[문제]

다음 주어진 원 모양의 시계의 넓이는 180π이다.
시계가 2시 48분을 가리켰을 때 시침과 분침
으로 둘러싸인 작은 부채꼴의 넓이는 얼마일
까?*

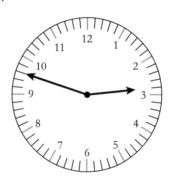

문제를 해결하는 일반적인 방법은 부채꼴의 중심각의 크기를 구하는 것이다. 여러 가지 방법을 통해 중심각의 크기가 156°라는 사실을

---

* '시'를 뜻하는 큰 눈금 한 칸은 '분'을 의미하는 작은 눈금 다섯 칸으로 이루어져 있다. 60분을 5로 나누면 12분이므로, 분침이 12분, 24분, 36분, 48분을 가리킬 때 시침은 2시에서 각각 1칸, 2칸, 3칸, 4칸 아래에 있는 눈금을 정확히 가리킨다. 따라서 2시 48분일 때 시침은 그림처럼 정확히 네 번째 칸에 위치한다.

알 수 있다. 예를 들어, 1분에 해당하는 부채꼴의 중심각의 크기가 6°이고, 1시간에 해당하는 부채꼴의 중심각의 크기가 30°라는 사실을 활용할 수 있다. 그렇게 구한 중심각의 크기와 교과서의 공식을 이용하여 넓이를 구하면 $180\pi \times \frac{156}{360} = 78\pi$, 1° 부채꼴이 156개 있다는 원리를 이용하면 $180\pi \times \frac{1}{360} \times 156 = 78\pi$이다. 하지만 156°를 구하는 과정이 결코 쉽지 않다.

위의 방법은 중심각의 크기를 알아낸 다음 넓이를 구했다. 이제 중심각의 크기를 찾지 않고 넓이를 구해보자. 156° 없이 넓이를 구할 수 있을까? 기하답게 접근하면 가능하다.

충분히 고민해 보았다면 이제 기하다운 풀이를 알아볼 시간이다. 부채꼴의 넓이를 기하답게 구하기 위해서는 기본이 되는 부채꼴을 정해야 한다. 기본이 되는 부채꼴로 무엇을 정하면 될까? 시계의 둘레가 총 60칸으로 나누어져 있다는 사실을 이용하자. 한 칸에 해당하는 부채꼴을 생각해보자. 이 부채꼴은 60개로 원을 채울 수 있다. 따라서 이 부채꼴 하나의 넓이는 원의 넓이의 $\frac{1}{60}$ 이다. 우리가 구하려는 부채꼴의 호는 26칸으로 이루어져 있으므로

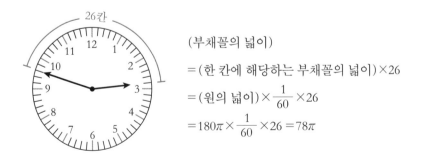

(부채꼴의 넓이)

= (한 칸에 해당하는 부채꼴의 넓이) × 26

= (원의 넓이) × $\frac{1}{60}$ × 26

= $180\pi \times \frac{1}{60} \times 26 = 78\pi$

이처럼 기하답게 접근하면 중심각의 크기를 구할 필요 없이 훨씬 쉽게 부채꼴의 넓이를 구할 수 있다.

부채꼴의 넓이를 기하답게 구하는 방법을 배웠다고 하더라도 적용할 수 있는 문제가 없다면 소용이 없다. 공식 암기가 아니라 공식을 구하는 과정에 초점을 맞춘 것처럼, 문제 역시 과정에 초점을 맞추어 출제되어야 할 것이다.

학생들이 생각해낸 창의적인 방법들

30°, 45°, 60°, 90° 부채꼴로 150° 부채꼴을 채우는 방법은 총 7가지였다. 기본이 되는 부채꼴을 더해 150° 부채꼴을 채우는 방법이었다. 하지만 뺄셈과 나눗셈과 같은 다른 연산들을 활용하면 창의적인 방법들이 다양하게 나올 수 있다.

새로운 방법들을 찾는 시간을 가져보자. 단, 30°, 45°, 60°, 90° 부채꼴만 사용해보자. 다음과 같은 방법이 가능하다.

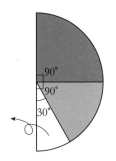

(150° 부채꼴의 넓이)

= (180° 부채꼴)−(30° 부채꼴)

= (90° 부채꼴)×2−(30° 부채꼴)

(60° 부채꼴)×4−(90° 부채꼴), (90° 부채꼴)×3−(60° 부채꼴)×2 등도 가능하다. 모두 여러 개의 부채꼴에서 여러 개의 부채꼴을 빼는 아이디어를 적용한 방법이다.

이처럼 접근 방식이 같다면 같은 방법으로 보고 150° 부채꼴을 구할 수 있는 창의적인 방법들을 최대한 많이 생각해보자. 2013년부터 이 책에서 소개한 내용에 심화된 부분을 추가하여 '부채꼴의 넓이의 기하학적 접근'이라는 주제로 영재 수업을 하고 있는데, 그 과정에서 창의적인 방법들을 만날 수 있었다. 아래에 나오는 것들은 학생들이 생각해낸 방법들을 7가지로 분류해놓은 것이다. 학생들이 제시한 창의적인 방법들과 직접 생각해낸 방법을 한번 비교해보자. 학생들이 구한 방법과 같은 것을 떠올렸을 수도 있다. 하지만 생각하지 못한 방법이 분명 있을 것이다.

나는 다음과 같은 문제가 창의적인 문제라고 생각한다. 풀이법이 하나로 정해져 있지 않은 문제, 서로 다른 풀이법이 나올 수 있는 문제, 그리고 서로 다른 풀이법을 공유함으로써 사고를 확장할 수 있는 문제. 이 문제들을 보면서 생각의 틀이 확장되길 바란다. 그리고 확장된 사고가 각자의 위치에서 또 다른 창의적인 생각을 이끌어냈으면 좋겠다.

다양한 방법을 충분히 찾아봤다면 학생들이 제시한 방법들을 살펴보자.

1) 원에서 나머지 넓이를 제외하기

(원의 넓이) $-$ (30° 부채꼴) $\times 7$

(원의 넓이) $-$ {(60° 부채꼴) $\times 3+$ (30° 부채꼴)}

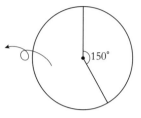

2) 마지막을 나눗셈으로 마무리하기

{(원의 넓이) $+$ (90° 부채꼴)} $\div 3$

{(원의 넓이) $\times 2+$ (60° 부채꼴) $\times 3$} $\div 6$

{(원의 넓이) $-$ (60° 부채꼴)} $\div 2$

{(60° 부채꼴) $\times 5$} $\div 2$

{(60° 부채꼴) $\times 9-$ (90° 부채꼴)} $\div 3$

3) 마지막을 곱셈으로 마무리하기

{(60° 부채꼴) $+$ (45° 부채꼴) $-$ (30° 부채꼴)} $\times 2$

{(45° 부채꼴) $-$ (30° 부채꼴)} $\times 10$

(30° 부채꼴) $\div 2 \times 10$

4) 원의 넓이를 나누면서 시작하기

(원의 넓이)÷2−(30° 부채꼴)

(원의 넓이)÷3+(30° 부채꼴)

5) 곱하거나 나누는 숫자로 30, 45, 60을 이용하기

{(90° 부채꼴)×60}÷45+(30° 부채꼴)

6) 원의 넓이를 빼기

{(60° 부채꼴)×8+(30° 부채꼴)}−(원의 넓이)

(30° 부채꼴)×17−(원의 넓이)

7) 부채꼴끼리 나누기

{(90° 부채꼴)÷(30° 부채꼴)}×(60° 부채꼴)−(30° 부채꼴)

6)에서 원의 넓이를 빼는 발상이 아주 기발하다. 7)은 2018년에 나온 아이디어인데, 부채꼴끼리 나눠서 숫자 3을 만드는 방법이 매우 참신하다.

3

기하답게
닮음 이해하기

도형의 닮음에서도
비례식이 꼭 필요할까?

부채꼴을 다루면서 교과서에서 배우는 기하 영역의 문제점을 살펴보았다. 부채꼴에서 기하적인 의미를 파악하기 힘들었던 이유는 비례식이 등장했기 때문이다. 도형 단원에서 비례식이 쓰이는 경우가 하나 더 있다. 바로 '도형의 닮음'이다.

중학교 2학년 2학기, 학생들은 도형의 닮음을 다음과 같이 배운다.

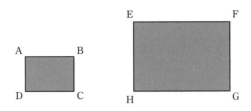

위의 큰 직사각형은 작은 직사각형의 각 변의 길이를 2배로 확대하여 얻은 것이다.

닮음 : 한 도형을 일정한 비율로 확대 또는 축소하여 얻은 도형이 다른 도형과 합동이
될 때, 두 도형은 닮음의 관계에 있다고 한다.

닮은 도형 : 서로 닮음인 관계에 있는 두 도형

기호 : □ABCD ∽ □EFGH

서로 닮은 평면도형에서는 다음의 성질이 성립한다.

닮은 두 평면도형에서 대응하는 변의 길이의 비는 일정하다.

그리고 닮은 두 도형에서 대응하는 변의 길이의 비를 **닮음비**라고 한다.

위의 성질을 이용하면 다음과 같은 문제를 해결할 수 있다.

[문제]

다음 그림에서 □ABCD ∽ □EFGH일 때, $\overline{BC}$의 길이를 구하여라.

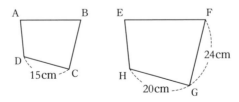

풀이

$\overline{CD}$와 $\overline{GH}$가 대응하는 변이므로 닮음비는 $\overline{CD} : \overline{GH} = 15 : 20 = 3 : 4$

$\overline{BC}$와 $\overline{FG}$가 대응하는 변이므로 $\overline{BC} : 24 = 3 : 4$ $\qquad \therefore \overline{BC} = 18\text{(cm)}$

위 풀이에서는 비례식이 등장한다. '닮은 두 평면도형에서 대응하는 변의 길이의 비는 일정하다'는 성질을 이용하여 $\overline{BC} : 24 = 3 : 4$라는 비례식을 세울 수 있다. '외항의 곱과 내항의 곱이 같다'는 성질을 이용하면 $\overline{BC}$의 값을 구할 수 있다.

$$4\overline{BC} = 24 \times 3 \;\rightarrow\; 4\overline{BC} = 72 \;\rightarrow\; \overline{BC} = 18$$

문제를 해결했지만 비례식을 이용함으로써 닮음의 의미가 제대로 전달되지 않는다. 그러면 비례식을 이용하지 않고도 $\overline{BC}$의 길이를 구할 수 있을까? 다른 방법으로 구한다면, 그 방법은 닮음의 의미를 제대로 전달할 수 있을까?

우선 초등학교 6학년 수학 교과서로 돌아가서 비의 의미를 살펴보자. $3 : 4$는 4를 기준으로 했을 때 3이 4의 몇 배인지를 나타내는 비다. 오른쪽에 있는 4가 기준량이 되고, 왼쪽에 있는 3이 비교하는 양이 된다.

$$3 : 4$$

비교하는 양   기준량

비율은 기준량에 대한 비교하는 양의 크기다. 따라서 비율은 비교하는 양을 기준량으로 나눠서 구할 수 있다. 비례식은 비율이 같은 두 비를 등호를 사용하여 나타낸 식이다.

$$
(비율) = \frac{(비교하는\ 양)}{(기준량)}
$$

비례식

$$
\underline{3:4} = \underline{9:12}
$$

비율 : $\dfrac{3}{4}$ 비율 : $\dfrac{9}{12} = \dfrac{3}{4}$

비례식의 성질은 '외항의 곱과 내항의 곱이 같다'는 것이다. 초등학교에서는 다음과 같이 비례식의 성질을 이끌어낸다. 비례식 $3:5=9:15$의 외항과 내항을 각각 곱한다. 외항의 곱은 $3 \times 15 = 45$, 내항의 곱은 $5 \times 9 = 45$이므로 두 곱이 모두 45로 같다는 것을 직접 확인한다. 개별적인 사실로부터 일반적이고 보편적인 성질을 유도하는 귀납적 추론의 형태다.

이제 중학교 수준에서 비례식의 성질을 수학적으로 설명해보자. 비례식 $a:b=c:d$의 두 비는 비율이 같으므로 $\dfrac{a}{b} = \dfrac{c}{d}$ 이다. 양변에 bd를 곱하면, $b\!\!\!/d \times \dfrac{a}{b\!\!\!/} = \dfrac{c}{d\!\!\!/} \times b d\!\!\!/$. 따라서 $d \times a = c \times b$이다.

그림으로 정리하면 다음과 같다.

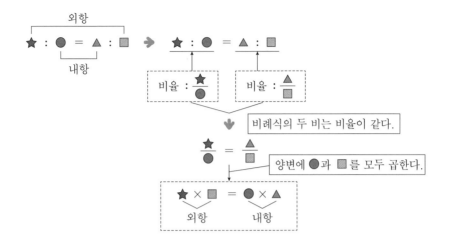

비례식을 세우면 '외항의 곱과 내항의 곱이 같다'는 비례식의 성질을 사용할 수 있다. 하지만 비례식의 성질을 이끌어내는 과정 속에서도 비례식의 수학적인 의미는 잘 전달되지 않는다.

다른 방법으로 접근해보자. 비례식은 비율이 같은 두 비를 등호를 사용하여 나타낸 식이다. 비례식을 사용하는 대신 비율이 같다는 식을 세워보자.

$$3 : 4 = 9 : 12 \;\rightarrow\; \frac{3}{4} = \frac{9}{12} = \frac{3 \times 3}{4 \times 3}$$

$\frac{9}{12}$ 는 $\frac{3}{4}$ 의 분모와 분자에 3을 곱한 것과 같다. 이것은 3 : 4의 전항인 3과 후항인 4에 똑같은 수를 곱하면 비율이 같은 9 : 12가 나온다고 해석할 수 있다. 바로 초등학교 6학년 때 배우는 비의 성질이다.

비의 전항과 후항에 0이 아닌 같은 수를 곱하여도(나누어도) 비율은 같다.

다음 문제를 비의 성질을 이용하여 풀어보자.

"철수와 영희는 3 : 2의 비로 카드를 가지고 있다. 철수의 카드가 12장일 때, 영희의 카드는 몇 장일까?"

영희의 카드를 x라 하면, 3 : 2와 12 : x는 같은 비율의 비이다. $3 \times 4 = 12$이므로, 2에 같은 수 4를 곱하면 $x = 2 \times 4 = 8$이다.

비의 성질을 이용하면 비례식의 성질을 이용하지 않고도 문제를 해결할 수 있다. 비의 성질은 어떤 의미를 가지고 있을까? 비의 전항과 후항에 같은 수를 곱한다는 것은 다음과 같이 해석할 수 있다.

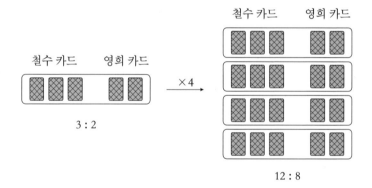

철수 카드 3개와 영희 카드 2개를 한 묶음으로 보자. 3 : 2의 의미를 한 묶음 안에 있는 철수 카드와 영희 카드의 개수로 생각하자. 곱하는 것은 묶음의 개수를 늘리는 것이다. 4를 곱하면 묶음이 총 4개 만들어

진다. 총 4묶음에 있는 철수 카드는 12개, 영희 카드는 8개이다. 즉, 12 : 8이다.

그러면 3 : 2와 12 : 8의 비율이 서로 같다는 것은 어떻게 알 수 있을까? 한 묶음에서 두 묶음, 세 묶음 될 때에 철수 카드와 영희 카드는 똑같이 2배, 3배만큼 늘어난다. 이를 식으로 나타내면, $\frac{3}{2} = \frac{3 \times 2}{2 \times 2} = \frac{3 \times 3}{2 \times 3} = \frac{3 \times 4}{2 \times 4} = \frac{12}{8}$ 이다. 즉, 묶음의 개수를 늘리는 것은 3 : 2의 비율 $\frac{3}{2}$의 분모와 분자에 같은 수를 곱하는 것과 같다.

이렇게 비의 성질을 이용하여 문제를 해결할 수 있지만, 그 수학적인 의미를 이해하기 위해서는 분모와 분자에 0이 아닌 같은 수를 곱하여도 크기가 같은 분수가 된다는 사실을 거쳐야 한다.

기하답게
닮음 이해하기

비례식과 그 성질을 이용하면 수학적인 의미가 보이지 않는다. 비의 성질을 이용해보아도 역시 3 : 2에서 3과 2라는 숫자를 바로 이용하지 않기 때문에 그 의미를 깨닫기가 쉽지 않다. 그러면 어떻게 비율이 같다는 의미를 3과 2라는 숫자를 통해 직관적으로 이해할 수 있을까?

다음 그림과 같이 카드를 묶어보자. 곱했던 수만큼 철수 카드와 영희 카드를 따로 묶는다. 4를 곱했으므로 4개씩 묶는 것이다. '카드 4장'을 한 묶음으로 본다면, 묶음의 비는 3 : 2가 된다. 이는 처음의 3 : 2와 같다. 이렇게 묶음의 비를 따짐으로써 직관적으로 이해할 수 있다.

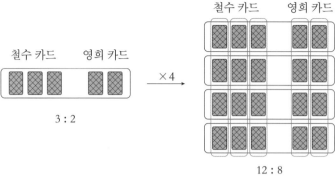

철수 카드　　영희 카드

3 : 2

×4

철수 카드　　영희 카드

12 : 8

'카드 4장'이 한 묶음

한 묶음의 비 3 : 2

　　수학적으로 해석해보자. 3 : 2와 12 : 8은 비율로 나타내면 $\frac{3}{2} = \frac{3 \times 4}{2 \times 4} = \frac{12}{8}$ 로 같다. 이제 이 식을 다음과 같이 바꿔보자. 곱셈에는 교환법칙이 성립하므로 $\frac{3}{2} = \frac{3 \times 4}{2 \times 4} = \frac{4 \times 3}{4 \times 2}$ 이다. '기하답게 부채꼴의 넓이 구하기'에서 3×4와 2×6의 계산값은 12로 같지만 과정을 살펴보면 서로 다른 의미를 가질 수 있다고 말한 것을 기억하는가? 마찬가지로 $\frac{3 \times 4}{2 \times 4}$ 와 $\frac{4 \times 3}{4 \times 2}$ 은 전혀 다른 의미를 갖는다. $\frac{4 \times 3}{4 \times 2}$ 의 의미는 '철수는 카드 4장 한 묶음을 3개 가지고, 영희는 똑같은 카드 4장 한 묶음을 2개 가진다'는 것으로 볼 수 있다.

　　'카드 4장'을 한 묶음으로 본다면, 결국 3 : 2의 의미가 그대로 유지됨을 알 수 있다. 한 묶음이 얼마인지만 알아내면 직관적으로 이해하며 문제를 해결할 수 있는 것이다.

　　다시 도형의 닮음 문제로 돌아오자. $\overline{CD}$와 $\overline{GH}$의 길이는 각각 15와 20이다. 닮음비 3 : 4의 의미 그대로 해석해보자. 15는 '5'를 3개 가진다는 뜻이고, 20은 '5'를 4개 가진다는 뜻이다. '5'가 한 묶음이 되는 것이다.

$$3 : 4$$

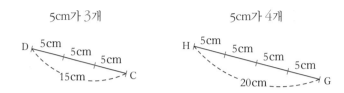

이제 이를 이용하여 $\overline{BC}$의 값을 구해보자. 닮음비가 $3 : 4$이므로 $\overline{FG}$의 24가 무엇을 4개 가지고 있는지 알면 된다. 즉, 한 묶음이 얼마인지 구하는 것이다. $24 = (\quad) \times 4$에서 괄호에 들어갈 숫자를 찾으면 된다. '6'이 한 묶음이라는 사실을 손쉽게 알 수 있다. $\overline{FG}$는 '6'을 4개 가져갔으므로, $\overline{BC}$는 똑같은 한 묶음 '6'을 3개 가져가면 된다. 따라서 $\overline{BC} = 6 \times 3 = 18$이다.

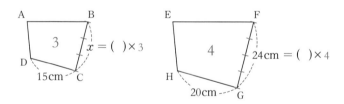

이렇게 문제를 해결하면 비례식을 이용하지 않고도 닮음비의 의미를 그대로 적용할 수 있다. 그리고 무엇보다 '기하답게' 도형의 닮음을 이해할 수 있다.

이 방법은 $3 : 5 = x : 60$과 같은 비례식을 풀 때도 유용하다. $3 : 5$이므로 $x = a \times 3$(개), $60 = a \times 5$(개)이다. 따라서 한 묶음 $a = 12$이고, $x = a \times 3 = 12 \times 3 = 36$이다.

넓이의 닮음비도 생각해보자. 다음 그림에서 직사각형 ABCD와 EFGH는 서로 닮음이고 닮음비는 2 : 3이다.

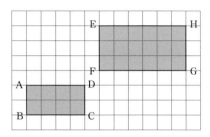

두 사각형의 넓이를 생각해보자. 직사각형 ABCD는 8칸, 직사각형 EFGH는 18칸이다. 모눈종이 한 칸의 넓이를 1이라고 한다면,

$$\Box ABCD : \Box EFGH = 8 : 18 = 4 : 9 = 2^2 : 3^2$$

따라서 두 직사각형의 넓이의 비는 닮음비의 제곱과 같다.

넓이의 비인 4 : 9에서 4와 9의 관계를 기하답게 이해해보자. 바로 '한 묶음' 방법을 사용하는 것이다. 이 경우엔 '한 도형'으로 표현하자. 4 : 9를 기하답게 이해하면, '한 도형' 4개로 직사각형 ABCD를 채우고 '한 도형' 9개로 직사각형 EFGH를 채운다고 해석할 수 있다. 여기서 '한 도형'은 넓이가 2인 직사각형이다.

이를 이용하여 다음 문제를 해결해보자.

[문제]

서로 닮은 두 오각형의 닮음비가 5 : 4이고 작은 오각형의 넓이가 48cm²일 때, 큰 오각형의 넓이를 구하여라.

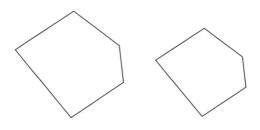

넓이의 비는 닮음비의 제곱과 같으므로 두 오각형의 넓이의 비는 5^2 : 4^2 = 25 : 16. A라는 도형 25개로 큰 오각형을 채운다면, 똑같은 A라는 도형 16개로 작은 오각형을 채울 수 있다. 그런데 작은 오각형의 넓이가 48cm²이므로, 48 = 3×16(개). 즉, 도형 A의 넓이는 3cm²이다. 따라서 큰 오각형의 넓이는 3×25 = 75(cm²). 여기서 '한 도형'은 도형 A이다. 도형 A의 모양은 알 수 없지만, 오각형의 넓이는 구할 수 있다. 이렇게 도형을 채운다는 개념을 이용하면, 비례식을 이용하지 않고도 기하답게 도형의 넓이를 구할 수 있다.

한 묶음으로 '가비의 리' 이해하기

닮음을 기하답게 이해하기 위해서 '한 묶음'이라는 개념을 사용했다. 이 개념을 사용하면 고등학교 수준의 '가비의 리'라는 정리도 충분히 이해할 수 있다. 중학교 수학을 다루는 이 책에서 고등학교 수학 공식을 다룬다는 것은 교사 입장에서 조심스러운 일이다. 선행 학습이 될 수 있기 때문이다. 하지만 2015 개정 교육과정에 의해 2018년부터 교육과정에서 빠졌기 때문에 부담없이 다룰 수 있어 다행이다.

가비의 리 정리는 다음과 같다.

$$\frac{a}{b} = \frac{c}{d} = \frac{e}{f} \text{ 일 때,}$$

$$\frac{a}{b} = \frac{c}{d} = \frac{e}{f} = \frac{a+c+e}{b+d+f} = \frac{pa+qc+re}{pb+qd+rf}$$

$$(\text{단}, b+d+f \neq 0, pb+qd+rf \neq 0)$$

일반적으로 다음과 같이 비례상수 k를 이용하여 식을 정리함으로써 수학적으로 설명한다.

$$\frac{a}{b} = \frac{c}{d} = \frac{e}{f} = k \text{라 하면}, a = bk, c = dk, e = fk$$

따라서 $\dfrac{a+c+e}{b+d+f} = \dfrac{bk+dk+fk}{b+d+f} = \dfrac{(b+d+f)k}{b+d+f} = k = \dfrac{a}{b}$

이제 '한 묶음'의 개념을 이용하여 직관적으로 이해해보자.

$\dfrac{a}{b} = \dfrac{c}{d} = \dfrac{e}{f}$ 를 비례식으로 나타내면 $a{:}b = c{:}d = e{:}f$이다. c와 d 는 한 묶음 ○가 각각 a개, b개 있다는 것으로 해석할 수 있다. 마찬가지로 e와 f는 한 묶음 △가 각각 a개, b개 있다고 볼 수 있다.

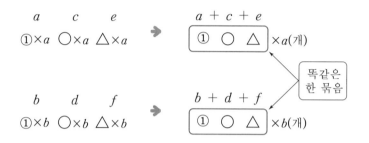

$a+c+e$와 $b+d+f$는 똑같은 한 묶음 $\boxed{}$ 가 각각 a개, b개 있으므로

$$(a+c+e){:}(b+d+f) = a{:}b \qquad \therefore\ \frac{a+c+e}{b+d+f} = \frac{a}{b}$$

마찬가지로

$$pa\ +\ qc\ +\ re$$
$$\left(①{\times}p\ \bigcirc{\times}q\ \triangle{\times}r\right){\times}a(개)$$

똑같은
한 묶음

$$pb\ +\ qd\ +\ rf$$
$$\left(①{\times}p\ \bigcirc{\times}q\ \triangle{\times}r\right){\times}b(개)$$

$$\Rightarrow (pa + qc + re) : (pb + qd + rf) = a : b$$

$$\therefore \frac{pa + qc + re}{pb + qd + rf} = \frac{a}{b}$$

예를 들어, $\frac{3}{2} = \frac{9}{6} = \frac{6a}{4a}$ 는 가비의 리에 의해 $\frac{3+9+6a}{2+6+4a} = \frac{3}{2}$ 이다. 이를 그림으로 나타내면 다음과 같다. ☐ 는 똑같은 한 묶음 이다.

$$3 + 9 + 6a$$

$$\times 3$$

$$2 + 6 + 4a$$

$$\times 2$$

CHAPTER 2

다각형의 외각

눈에 보이도록
도형을 다루자

1

다각형, 문자와 식이
꼭 필요할까?

학교에서 기하 영역을 가르치는 방식은 기하의 매력을 잘 보여주지 않는 방식이다. 항상 '문자와 식'이 끼어들다 보니 온전히 기하 자체로 사고할 기회를 갖지 못하는 것이다. 1장에서 다루었던 부채꼴의 넓이만 봐도, '비례식'과 '공식'이 교과서를 장악하고 있다. 이외에도 문자와 식의 영향력에서 벗어날 수 없는 부분이 있으니, 바로 중학교 1학년 때 배우는 '다각형의 외각의 크기의 합' 단원이다.

새로운 아이디어를 떠올릴 때면 하루 종일 고민한다. 머릿속에서 수학이 떠나질 않아 잠을 설친 적도, 수학에 관한 꿈을 꾼 적도 많다. 하지만 꿈속에서 처음으로 '유레카'를 외친 날은 2015년 12월 20일 일요일이었다. 이번 장에서 다룰 새로운 방법을 찾기 시작한 날이다.

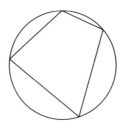

꿈에서 봤던 원과 사각형

그날 꿈에서는 원에 내접하는 사각형이 떠다녔다. 손가락으로 몇 개의 보조선을 그었고, 꿈속에서 외쳤다. "유레카!!"

일어나자마자 노트와 샤프를 찾아 도형을 그리기 시작했다. 그러나 보조선을 아무리 그어보아도 꿈속에서 발견한 답은 찾을 수 없었다. 며칠 동안 애쓴 결과, '유레카'의 내용 그대로는 아니었지만 다른 수학적 아이디어를 발견하게 되었다. 12월 24일까지 다각형의 외각의 크기의 합을 구하는 새로운 방법 3가지를 찾았다. 크리스마스이브 선물과도 같은 발견이었다. 이때 발견한 3번째 방법은 지금까지 찾은 7가지 방법 중 가장 좋아하는 방법이다.

7가지 방법은 다각형 그림을 적극적으로 이용한다. 다각형에 보조선을 그리고 각을 표시하다 보면, 외각의 크기의 합이 눈으로 보이기 시작한다. 정말 기하답게 다각형을 다루게 되는 것이다. 7가지 방법을 모두 소개하고 싶지만, 이 책에서는 가장 나중에 찾은 방법 2가지만 소개하려고 한다. 이 2가지만으로도 다양한 과정을 통해 외각의 크기의 합을 구할 수 있다. 수학적 사고력을 기를 수 있는 충분한 기회가 될 것이다. 이제 눈에 보이도록 다각형을 다루어보자.

눈으로 볼 수 없는
다각형의 외각의 크기의 합

다각형의 **내각**은 다각형에서 이웃하는
두 변으로 이루어진 내부의 각이다. 그리
고 다각형의 각 꼭짓점에서 한 변과 그
변에 이웃한 변의 연장선으로 이루어진
각을 그 내각의 **외각**이라고 한다.

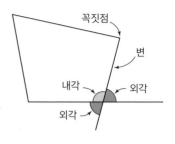

이제 다각형의 외각의 크기의 합에 대해 알아보자. 교과서의 방법은
다음과 같다.

삼각형의 한 꼭짓점에서 내각과 외각의 크기의
합은 $180°$이다. 삼각형은 꼭짓점이 3개이므로

(내각의 크기의 합)+(외각의 크기의 합)

$=180° \times 3 = 540°$

삼각형의 내각의 크기의 합은 $180°$이므로

(외각의 크기의 합)$=540° - 180° = 360°$

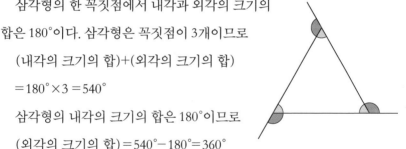

마찬가지로 n각형에는 n개의 꼭짓점이 있고, 각 꼭짓점에서 내각과
외각의 크기의 합은 $180°$이므로

(내각의 크기의 합)+(외각의 크기의 합)$=180° \times n$

n각형의 내각의 크기의 합이 $180° \times (n-2)$이므로

(n각형의 외각의 크기의 합)

$$= 180° \times n - (n각형의\ 내각의\ 크기의\ 합)$$
$$= 180° \times n - 180° \times (n-2)$$
$$= 180° \times n - 180° \times n + 180° \times 2$$
$$= 360°$$

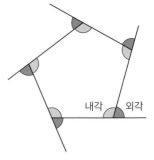

내각   외각

이처럼 교과서는 n각형의 외각의 크기의 합이 360°라는 사실을 '문자와 식'을 이용하여 보이고 있다. 문자와 식의 도움을 받다 보니 기하로 사고할 기회가 사라진다. 360°라는 결과는 결국 식을 세우고 정리하는 과정에서 나올 뿐이다. 그래도 '전체에서 내각의 크기의 합을 뺀다'는 것은 기하다운 이해라서 다행이다. 하지만 다각형의 외각의 크기의 합이 360°임을 눈으로 바로 확인할 수는 없다.

또한 교과서의 방법은 'n각형의 내각의 크기의 합'을 알고 있어야 이해할 수 있다. 위의 과정에서 'n각형의 내각의 크기의 합'을 알지 못하면 n각형의 외각의 크기의 합을 구할 수 없다. 이처럼 교과서대로라면 다각형의 외각의 크기의 합을 구하기 위해서 꽤 많은 과정을 거쳐야 한다. 엇각과 동위각의 성질을 통해 삼각형의 내각의 크기의 합이 180°라는 사실을 보인다. 이를 사용하여 다각형의 내각의 크기의 합을 구한다. 마지막으로 다각형의 내각의 크기의 합을 이용하여 다각형의 외각의 크기의 합을 구한다.

수학의 특징을 잘 보여주는 사례다. 덧셈을 알아야 곱셈이 가능하듯, 수학에서는 이전 개념을 모르면 다음 개념을 이해하기 힘들다. 이는 사람들이 수학을 어려워하는 이유 중 하나다. '문자와 식'을 사용하여 다각형의 외각의 크기의 합을 구하기 위해서는 위의 단계를 거쳐야 한다. 교과서가 이 순서대로 진행되는 것은 당연하다.

지금부터 제시할 새로운 방법들은 '문자와 식'을 이용하지 않는다. 식을 계산할 필요가 없으며 외각의 크기의 합을 눈으로 보여주어 직관적으로 이해할 수 있는 방법이다. 기존의 과정을 최대한 생략해 엇각과 동위각의 성질만으로 다각형의 외각의 크기의 합을 구할 것이다.

2

눈으로 보는
다각형의 외각의 크기의 합

기하답게 접근하기 위한
준비운동

새로운 방법을 만나보기에 앞서 준비운동을 해보자. 우선 평행한 두 직선에 대하여 엇각과 동위각의 성질을 한번 살펴보자. 이를 이용하여 다각형의 외각의 크기의 합을 구할 것이다.

두 직선이 다른 한 직선과 만날 때

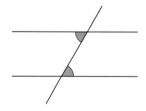

두 직선이 평행하면
엇각의 크기는 서로 같다.

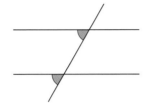

두 직선이 평행하면
동위각의 크기는 서로 같다.

맞꼭지각의 성질 역시 우리가 사용할 성질이다.

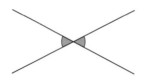

두 직선 또는 두 선분이 한 점에서 만날 때,
맞꼭지각의 크기는 서로 같다.

엇각과 동위각이 다각형의 성질을 보이는 데 어떻게 쓰일 수 있을까? 예를 들어 교과서에서는 "삼각형의 세 내각의 크기의 합은 $180°$이다"라는 성질을 확인하는 과정에서 사용한다.

오른쪽 그림과 같이 △ABC에서 변 BC의 연장선 위에 점 D를 잡자. 꼭짓점 C에서 변 AB에 평행한 반직선 CE를 그어보자.

$\overline{AB}$ // $\overline{EC}$이므로

∠A＝∠ACE (엇각)

∠B＝∠ECD (동위각)

따라서

∠A+∠B+∠C ＝ ∠ACE + ∠ECD + ∠ACB ＝ ∠BCD

　　　　　＝$180°$

두 번째 준비운동은 다각형의 외각 표현이다. 오른쪽의 육각형을 보면 각 꼭짓점마다 외각을 2가지 방법으로 표시할 수 있다. 이는 모든 다각형에서 마찬가지이다. 교과서에서도 "한 내각에 대한 외각은 2개가 있다. 하지만 맞꼭지각으로 그 크기

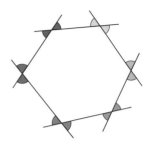

가 같기 때문에 둘 중 하나만 생각한다"라고 언급한다.

주어진 사각형 ABCD에서 꼭짓점 A, B, C, D의 외각*을 표시해보자. 단, 한 내각에 대한 외각 2개 중 하나만 표시하도록 하자. 꼭 표시해보고 다음으로 넘어가길 바란다.

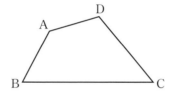

이제 자신의 방법과 다음 2가지 표현 방법을 비교해보자. 둘 중에 똑같은 방법이 있는가? 외각에 대한 개념을 설명할 때, 교과서나 문제집에서는 아래의 2가지 방법 중 하나로 외각을 표시한다. 통일성을 위해서일까? 한 변에서는 한쪽으로만 연장선을 그어 외각을 나타낸다.

---

* 정확한 표현은 '∠A의 외각'이지만, 이 책에서는 '꼭짓점 A의 외각'으로 쓰도록 하겠다.

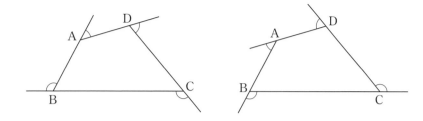

꼭짓점 A의 외각을 다음과 같이 표시해보자. 변 AB에서 양쪽으로 연장선을 그어 외각을 표시한다. 이러면 변 AD처럼 연장선을 그을 필요가 없는 변이 생긴다.

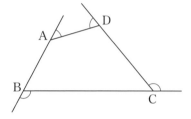

지금까지 이렇게 표현한 것을 본 적이 없다면 어색할지도 모른다. 하지만 이 방법이 잘못되지 않았다는 사실은 우리 모두 알고 있다. 별 이유 없이 표현에서조차 자유가 제한되고 있는 것은 아닐까? 의식하지 못한 채 말이다.

외각을 여러 가지 방법으로 표현하면 무엇이 좋을까? 이러한 자유는 새로움을 만드는 창의적 사고의 발판이 될 수 있다. 2015년 말부터 약 1년 동안 나는 다각형의 외각의 크기의 합을 구하는 새로운 방법 7가지를 발견했다. 이 발견들은 바로 외각을 자유롭게 표현하면서부터 시작된 것이다. 주어진 틀에서 벗어나는 순간 새로운 아이디어가 하나둘씩 찾아왔다. 수학이라는 냉정하고 논리적인 사고의 틀 속에 갇히지 않으려면 최대한 자유롭게 틀 밖에서 생각해볼 필요가 있다.

이 책에서는 가장 이해하기 쉬운 2가지 방법을 소개하려고 한다. 이제 눈에 보이도록 다각형의 외각의 크기의 합을 구해볼 시간이다.

외각을 모으면
360°가 보인다

앞서 엇각과 동위각을 이용하여 삼각형의 내각의 크기의 합이 180°임을 보이는 과정을 살펴보았다. 하지만 동위각 없이 엇각만 이용해도 똑같은 성질을 설명할 수 있다.

주어진 삼각형에서 꼭짓점 C를 지나면서 변 AB에 평행한 직선을 그리자.

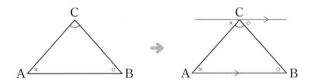

엇각의 성질을 이용하면 ∠A와 ∠B는 각각 ∠C 옆에 있는 각과 같다. 따라서 삼각형의 내각의 크기의 합은 180°임을 알 수 있다.

위에서 우리가 얻을 수 있는 아이디어는 평행선의 성질을 통해 내각을 옮겨 모을 수 있다는 것이다. 마찬가지로 이를 이용하면 외각도 위치를 옮겨 모을 수 있다. 각도기 없이 우리가 직관적으로 알 수 있는 각도는 180°이다. 따라서 외각을 모아 180°를 만들면 외각의 크기의 합을 직관적으로 파악할 수 있다.

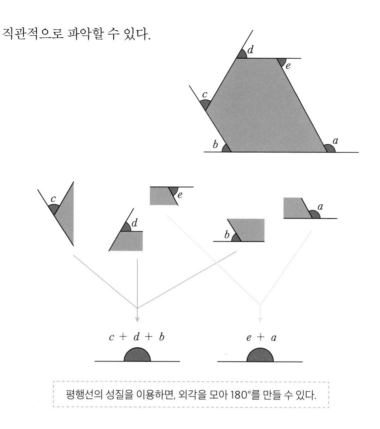

평행선의 성질을 이용하면, 외각을 모아 180°를 만들 수 있다.

삼각형 ABC의 외각의 크기의 합을 구해보자. 평행선의 성질을 이용하기 위해 다음 삼각형에서 꼭짓점 C를 지나면서 변 AB에 평행한 직선을 그리자. 그리고 각 꼭짓점에서 변의 연장선을 그어 외각을 표시해보자. 변 AB의 양쪽으로 연장선을 그어 꼭짓점 A와 B의 외각을 표시한다. 꼭짓점 C의 외각은 변 AB에 평행한 직선에 의해 둘로 나눠진다. 이 두 부분을 따로 표시하자.*

---

* 사실 외각들을 그대로 모아서 180°를 만드는 것은 특수한 경우에서나 가능하다. 평행선을 그려 외각을 둘로 나눈 후 따로 표시해야, 외각을 모아 180°를 만들 수 있다.

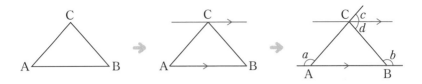

이제 맞꼭지각과 엇각의 성질을 이용한다.

이를 통해 $\angle a + \angle c = 180°$, $\angle b + \angle d = 180°$임을 알 수 있다. 따라서 삼각형의 외각의 크기의 합은 $\angle a + \angle b + \angle c + \angle d = (\angle a + \angle c) + (\angle b + \angle d) = 180° + 180° = 360°$이다.

이 방법의 핵심 아이디어는 한 외각을 둘로 나눈 후, 맞꼭지각과 엇각의 성질을 이용하여 두 꼭짓점에 외각들을 모으는 것이다.

같은 방법을 사각형에 적용해보자. 각 꼭짓점을 지나면서 변 AB에 평행한 직선을 그리자. 외각을 표시한 후 꼭짓점 D의 외각을 둘로 나누고 맞꼭지각의 성질을 이용한다.

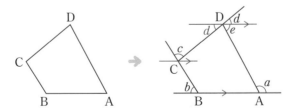

이제 엇각의 성질을 이용하여 두 꼭짓점에 외각들을 모은다.

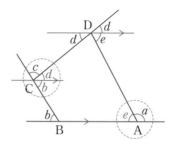

$\angle b + \angle c + \angle d = 180°$, $\angle a + \angle e = 180°$이므로

$\angle a + \angle b + \angle c + \angle d + \angle e = (\angle b + \angle c + \angle d) + (\angle a + \angle e)$

$= 180° + 180° = 360°$

외각을 두 꼭짓점에 모으는 수학적 아이디어를 정리하면 다음과 같다.

---

1. 각 꼭짓점을 지나면서 다각형의 한 변에 평행한 직선을 그린다.

2. 외각을 둘로 나눠 따로 표시하고 맞꼭지각의 성질을 이용한다.

3. 동위각과 엇각의 성질을 이용하여 외각을 두 꼭짓점에 모아 180°를 만든다.

4. 다각형의 외각의 크기의 합이 180°+180°=360°임을 확인한다.

같은 방법으로 육각형의 외각의 크기의 합을 구해보자. 육각형에 직선과 외각을 표시하여 직접 구해본 후 풀이를 확인하도록 하자.

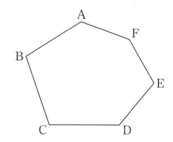

이제 직접 해결해본 방법과 비교할 차례다. 꼭짓점 A, B, E, F를 지나면서 변 CD에 평행한 직선 4개를 그리자.*

아래 그림처럼 꼭짓점 A의 외각을 둘로 나누고 맞꼭지각의 성질을 이용해 $\angle a$와 $\angle a'$를 얻는다. 나머지 꼭짓점의 외각도 마음대로 표시해보자. 이제 외각을 모으고 싶은 두 꼭짓점을 선택하자. 여기에서는 꼭짓점 B와 E에 외각을

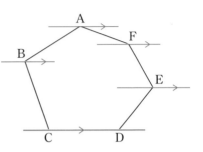

모으려고 한다. 우선 엇각의 성질을 이용하여 꼭짓점 A와 C의 외각을 옮긴다.

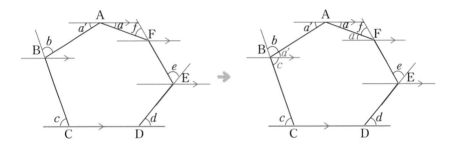

꼭짓점 B에 외각을 모아보면 $\angle c + \angle a' + \angle b = 180°$임을 알 수 있다. 이어서 꼭짓점 F에 $\angle a$와 $\angle f$를 모아보자. 이제 동위각의 성질을 이용하여 $\angle a$와 $\angle f$를 꼭짓점 E로 옮기고 $\angle(a+f)$로 표시하자. 마지막으로 엇각의 성질을 이용하여 꼭짓점 D의 외각을 옮긴다.

---

* 변 CD 말고 다른 변과 평행한 직선을 그려도 상관없다.

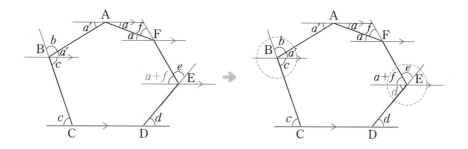

꼭짓점 E에 모은 외각들을 통해 $\angle d + \angle a + \angle f + \angle e = 180°$임을 알 수 있다. 육각형의 모든 외각은 꼭짓점 B와 E에 모을 수 있고, 두 꼭짓점에 모은 외각의 크기의 합은 각각 $180°$이다. 따라서 육각형의 외각의 크기의 합은 $180° + 180° = 360°$이다.

스스로 해결해보았을 때 평행한 직선이나 외각을 다르게 표시했을 수도 있다. 외각을 모으는 두 꼭짓점을 다르게 선택했을지도 모른다. 그렇다 하더라도 두 꼭짓점에 모은 외각의 크기의 합이 각각 $180°$라면 위의 설명과 같은 방법이니 걱정하지 않아도 된다.

이 방법은 다각형의 내각의 크기의 합을 구하는 데에도 적용할 수 있다. 현재 교과서에 있는 방법도 기하답다고 생각하지만 이 방법으로도 구해보자.

다음 그림처럼, 각 꼭짓점에 내각을 표시하되 평행선을 그렸을 때 내각이 둘로 나뉘진다면 따로 표시한다. 엇각의 성질을 이용하여 내각들을 옮기면 총 4군데의 꼭짓점에 내각들을 모을 수 있다. 각 꼭짓점에서 내각의 크기의 합은 $180°$이므로 육각형의 내각의 크기의 합은 $180° × 4 = 720°$이다.

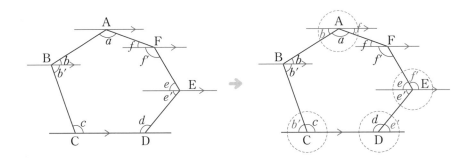

우리는 외각을 두 꼭짓점에 모아 각각 180°를 만들었다. 여기서 의문이 하나 든다. 외각을 반드시 두 점에만 모아야 할까? 외각을 한 점에 모을 수는 없는 걸까? 다음 삼각형에서 외각을 한 점에 모을 수 있는 방법을 고민해보자.

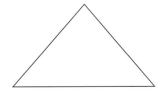

외각을 한 점에 모아
360° 만들기

삼각형에서 외각을 어떻게 한 점에 모을 수 있을까? 우선 삼각형에 외각을 표시한다. 단, 앞에서와는 달리 외각의 표시를 일관성 있게 한 쪽으로 맞춰주자. 그리고 꼭짓점 A를 지나면서 변 BC에 평행한 반직선을 그린다. 앞에서는 직선을 그렸지만 여기서는 반직선만 그린다. 단,

외각을 나누지 않는 쪽으로 그린다. 외각을 둘로 나눌 필요가 없기 때문이다.

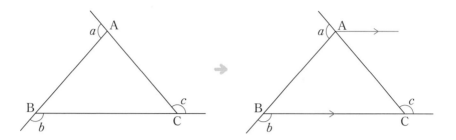

이제 다음과 같이 동위각의 성질을 이용하여 나머지 두 외각을 옮긴다. 그러면 한 점에서 외각이 모두 모인 것을 확인할 수 있다. 모인 외각의 크기의 합이 360°라는 사실도 한눈에 보인다.

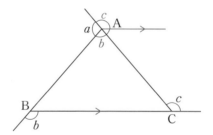

사각형에서도 같은 방법으로 외각을 한 점에 모아 외각의 크기의 합이 360°임을 확인할 수 있다.

① 외각을 표시한다.

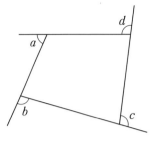

② 한 변에 평행한 반직선을 그린다.

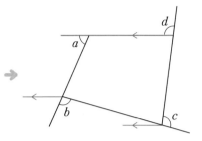

③ 동위각의 성질을 이용하여
   외각을 모은다.

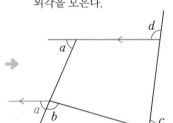

④ 외각을 한곳에 모은다.

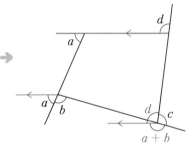

외각을 한 꼭짓점에 모으는 수학적 아이디어를 정리하면 다음과 같다.

---

1. 외각을 동일한 방향으로 표시한다.

2. 각 꼭짓점에서 다각형의 한 변에 평행한 반직선을 그린다.

3. 동위각의 성질을 이용하여 외각을 한 꼭짓점에 모은다.

4. 다각형의 외각의 크기의 합이 360°임을 확인한다.

이제 주어진 오각형과 육각형에서 외각을 한 점에 모아보자. 직접 해결해본 후 책에서 제시한 과정과 비교해보자.

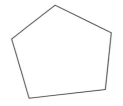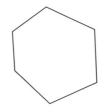

각 다각형에서 외각을 한 점에 모으면 다음과 같다.*

오각형

① 외각을 표시한다.

② 한 변에 평행한 반직선을 그린다.

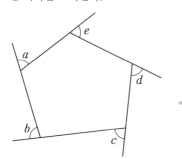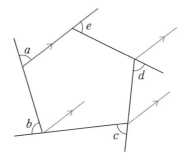

③ 동위각의 성질을 이용하여
   외각을 모은다.

④ 외각을 한곳에 모은다.

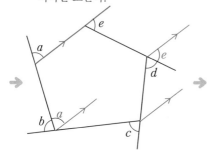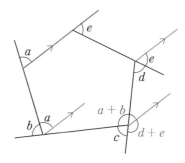

---

* 평행한 반직선과 외각을 다르게 표시하고 외각을 모으는 한 꼭짓점을 달리 선택했을 수도 있다. 그렇다
  하더라도 한 꼭짓점에 모은 외각의 크기의 합이 360°라면 같은 방법으로 푼 것이다.

육각형

① 외각을 표시한다.

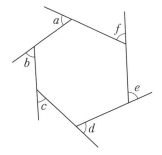

② 한 변에 평행한 반직선을 그린다.

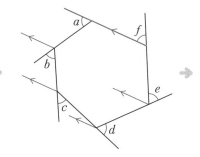

③ 동위각의 성질을 이용하여 외각을 모은다.

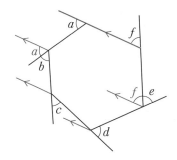

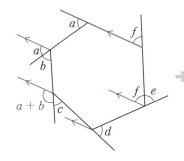

④ 외각을 한곳에 모은다.

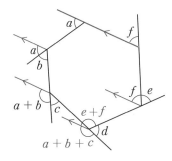

이 방법은 외각을 두 점에 모으는 첫 번째 방법의 장점을 그대로 가져온다. 게다가 동위각의 성질만 이용하면 되므로 앞의 방법보다 각을 모으는 것이 더 쉽고 깔끔하다. 하지만 외각을 자유롭게 표시하지 못하고 일정한 방향으로만 표시해야 하는 제약이 따른다.

외각의 크기의 합을 구하는
다양한 과정

    지금까지 다각형의 외각의 크기의 합이 360°임을 눈으로 직접 확인할 수 있는 방법을 살펴보았다. 이 2가지 방법만 이용하더라도 다양한 풀이 과정이 나올 수 있다.

외각을 모으는 꼭짓점을 바꾸면 과정이 달라진다

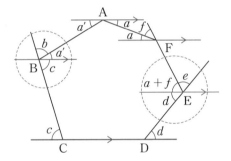

    앞에서 보았던 육각형은 위의 그림처럼 꼭짓점 B와 E에 외각을 모았다. 하지만 다른 꼭짓점에도 외각을 모을 수 있다.

꼭짓점 C와 꼭짓점 F에서
외각을 모은 경우

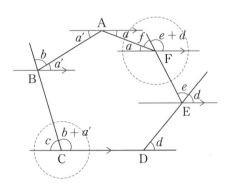

외각을 다르게 표시하면 과정이 달라진다

두 점에 외각을 모으는 방법에서 반드시 아래에 있는 왼쪽 그림처럼 변 AB의 양쪽으로 연장선을 그어 외각을 표시해야 하는 것은 아니다. 이 방법을 선호하는 이유는 외각을 옮길 때 동위각의 성질과 엇각의 성질을 둘 다 사용할 수 있기 때문이다. 그러나 자신이 원하는 대로 외각을 설정하면 된다. 꼭짓점 B의 외각을 다르게 표시해보자. 외각 $\angle b$, $\angle c$, $\angle d$가 모인 위치는 동일하지만 이용하는 성질이 달라진다. 꼭짓점 C에 외각 $\angle b$를 모을 때, 왼쪽 그림은 엇각의 성질을 사용하지만 오른쪽 그림은 동위각의 성질을 사용한다.

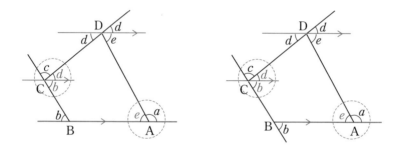

다음 그림처럼 한 꼭짓점에 외각을 모으는 방법을 이용해서도 사각형의 외각의 크기의 합이 360°임을 확인할 수 있다.

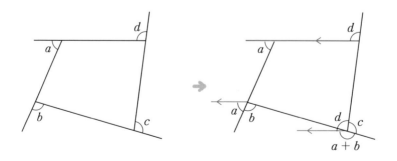

똑같은 사각형이지만 외각을 모두 다르게 표시한다면 과정 역시 달라진다.

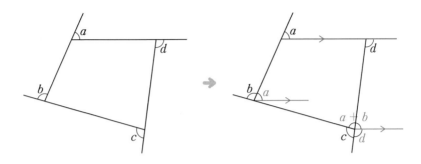

평행선을 다르게 그리면 과정이 달라진다

외각을 똑같이 표시했다고 하더라도 평행선을 다르게 그리면 과정이 달라질 수밖에 없다. 앞에서 본 사각형과 똑같지만 이번에는 각 꼭짓점에서 변 CD에 평행한 직선을 그리자. 꼭짓점 A의 외각을 둘로 나눈 후, 외각들을 두 꼭짓점에 모아본다.

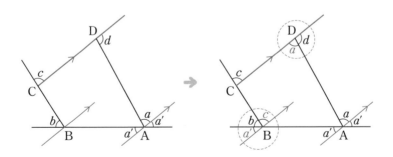

한 꼭짓점에 외각을 모으는 방법에서도 평행선을 다르게 그릴 수 있다. 앞에서 사용한 방법은 윗변에 평행한 반직선을 그렸는데, 이번에는 아랫변에 평행한 반직선을 한번 그려보자.

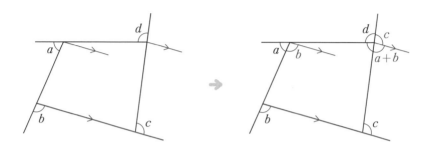

이처럼 똑같은 다각형에서도 외각을 어디에 모으는지, 외각을 어떻게 표시하는지, 평행선을 어떻게 그리는지에 따라 다양한 풀이 과정이 나온다. 다각형의 외각의 크기의 합이 360°임을 보이는 풀이 과정이 오직 하나만 있지는 않기 때문에, 어떤 선택을 하더라도 외각의 크기의 합이 360°임을 보일 수 있다.*

여러 가지 길 중 걸어가야 할 길을 누군가가 정해주는 것이 아니라, 자신이 직접 길을 선택하는 기회가 많아져야 한다. 이를 위한 전제 조건으로, 오직 하나의 길만 있지 않고 다른 길도 있다는 사실을 깨닫는 일은 매우 중요하다. 그렇기 때문에 부채꼴의 넓이에 이어서 다각형의

---

* 오각형의 경우, 평행선을 그리는 경우의 수가 5가지, 외각을 둘로 나누는 경우를 제외하고 꼭짓점 4개에서 외각을 선택하는 경우의 수는 2^4=16가지, 외각을 모으는 꼭짓점 2개를 선택하는 경우의 수가 $2×2+4$=8가지다. 따라서 오각형의 외각의 크기의 합이 360°임을 보이는 서로 다른 방법은 총 $5×16×8$=640가지가 나올 수 있다.(단, 이 경우는 평행한 두 변이 존재하지 않는 경우다.)

외각의 크기의 합을 구하는 다양한 방법을 살펴본 것이다.

학교 수업에서는 다각형의 외각의 크기의 합이 360°임을 이용하여 문제를 푸는 데에 많은 시간을 할애하고 있다. 결과만 이용하는 문제 해결에 중점을 두기 때문이다. 아래와 같이 다각형 단원에는 공식들이 유독 많이 나온다.

$$(n각형의\ 대각선의\ 개수) = \frac{n(n-3)}{2}$$

$$(n각형의\ 내각의\ 크기의\ 합) = 180° \times (n-2)$$

$$(정n각형의\ 한\ 내각의\ 크기) = \frac{180° \times (n-2)}{n}$$

$$(정n각형의\ 한\ 외각의\ 크기) = \frac{360°}{n}$$

이 역시 공식을 이용하여 문제를 해결하는 데 초점이 맞추어져 있기 때문이다. 사실 교과서에서 n각형의 내각의 크기의 합을 구하는 과정은 매우 기하답다. 그럼에도 불구하고 공식을 이용하는 문제가 대부분인 점은 안타깝다.

다각형 하나를 제시한 후 외각의 크기의 합이 360°임을 '기하답게' 설명하는 문제를 내면 어떨까? 똑같은 다각형에서 외각의 크기의 합이 360°임을 다양한 '기하다운' 방법으로 설명하게 하는 것은 어떨까? 그리고 그 방법을 친구들과 비교해보도록 하는 것은 어떨까? 과정에 중심을 두어 수학적 사고력을 키우는 것이 중요하다고 한다면, 이제는 다각형 수업 시간이 대부분 이런 문제들로 채워져야 할 때라고 생각한다.

외각의 크기의 합을 떠올리는
가장 간단한 방법

마지막으로 다각형의 외각의 크기의 합을 떠올리는 가장 간단한 방법을 살펴보자. 교과서에서는 다각형을 이루는 각 선분을 다각형의 변, 각 변의 끝점을 다각형의 꼭짓점이라고 한다.

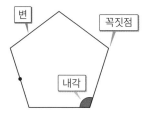

위 그림처럼 다각형의 한 선분 위에 점을 찍어 선분을 둘로 나눠보자. 이 두 선분은 다각형을 이루는 선분이므로 각각 다각형의 변이 될 것이다. 새로 찍은 점은 두 선분의 끝점이 되므로 다각형의 꼭짓점이다.

삼각형에 점을 하나씩 찍을 때마다 변의 개수가 하나씩 늘어나므로 사각형, 오각형, 육각형을 만들 수 있다. 그리고 이때 찍은 점은 모두 다각형의 꼭짓점이 된다. 바로 내각의 크기가 180°인 꼭짓점이 만들어진 것이다.

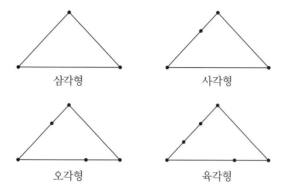

삼각형 사각형

오각형 육각형

학교에서 다루는 다각형은 내각의 크기가 180° 미만이다. 그러나 수학은 영역이 확장되어도 그 성질이 그대로 보존되는 특징이 있다. 그렇다면 크기가 180°인 내각을 포함하는 도형까지 확장해도 외각에 대한 성질(외각의 크기의 합은 360°)은 유지된다고 추측할 수 있다.

정말 성질이 그대로 보존될까? 새로 점을 찍어 만든 꼭짓점의 외각을 생각해보자. 한 변의 연장선은 결국 이웃하는 변과 같기 때문에 외각의 크기는 0°이다. 이는 각 꼭짓점에서 한 내각과 그 외각의 크기의 합이 180°라는 성질을 이용해서도 보일 수 있다. 새로 만들어진 꼭짓점에서 내각의 크기는 180°이므로 외각의 크기는 0°이다. 결국 점을 찍어 만든 사각형, 오각형, 육각형의 외각의 크기의 합은 삼각형의 외각의 크기의 합인 360°와 같다. 지금 살펴본 특수한 다각형들을 생각하면, 다각형의 외각의 크기의 합이 360°가 된다는 사실을 쉽게 떠올릴 수 있을 것이다.

3

오목다각형의
외각의 크기의 합

다각형은 크게 두 가지로 나눌 수 있다. 볼록다각형과 오목다각형이다. 볼록다각형은 모든 내각의 크기가 180°보다 작은 다각형이다. 오목다각형은 180°보다 큰 내각이 있는 다각형이다. 중학교 1학년 과정은 볼록다각형만 다루지만, 오목다각형을 살펴봄으로써 수학적 사고를 확장하는 기회를 가질 수 있을 것이다.

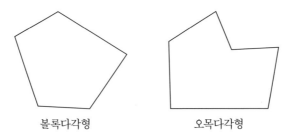

볼록다각형   오목다각형

오목다각형은 나에게 특별한 도형이다. 2009년은 처음으로 새로운

방법들을 발견한 해인데, 그중에서도 가장 먼저 찾은 방법이 오목다각형에 관한 내용이기 때문이다. 이 책을 통틀어 제일 먼저 발견한 방법인 셈이다. 이 방법을 별 모양의 오목다각형에 적용하여 책을 집필하려 했으나 생각보다 쉽지 않았다. 고군분투 끝에 오목다각형의 외각의 크기의 합을 구하는 다른 방법을 찾게 되었다. 이 방법은 가장 최근에 발견한 것이다. 이 책에 나오는 발견의 시작과 끝이 오목다각형인 셈이다. 이제 이 2가지 방법을 하나씩 소개하려고 한다.

우리는 앞에서 크기가 180°인 내각을 포함한 다각형에서도 외각의 크기의 합이 360°임을 보였다. 그러면 오목다각형에서 외각의 크기의 합은 어떻게 될까? 이 문제를 해결하기 위해서는 우선 내각의 크기가 180°가 넘는 꼭짓점에서 외각을 어떻게 정의해야 하는지 생각해보아야 한다. 볼록다각형에서는 외각을 다음과 같이 정의했다.

다각형의 각 꼭짓점에서 한 변과 그 변에 이웃한 변의 연장선으로 이루어진 각을 그 내각의 **외각**이라고 한다.

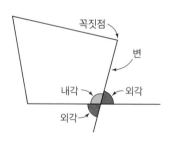

오른쪽의 오목다각형에서 우리가 관심을 가져야 하는 꼭짓점에 위의 방법대로 외각을 표시해보자.

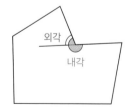

내각의 크기가 180°보다 작은 꼭짓점에서는 외각이 다각형의 외부에 생기지만, 내각의 크기가 180°보다 큰 꼭짓점에서는 외각이 다각형의 내부에 생긴다. 다각형의 내부에 생긴 외각의 크기를 볼록다각형에서처럼 양수로 설정해보자. 그럴 경우 위의 그림에서 알 수 있듯이 한 꼭짓점에서의 내각과 외각의 크기의 합이 180°가 될 수 없다. 하지만 다각형의 내부에 생긴 외각의 크기를 음수로 설정한다면 한 꼭짓점에서의 내각과 외각의 크기의 합이 180°가 된다. 이렇게 외각의 크기를 음수로 정함으로써 '다각형의 한 꼭짓점에서 내각과 외각의 크기의 합은 180°이다'라는 성질을 유지할 수 있다.

오목다각형의 내부에 생긴 외각의 크기를 음수로 정할 수 있는 이유가 또 있다. 다음과 같이 꼭짓점을 기준으로 다각형의 한 변을 시계 반대 방향으로 움직여보자. 외각의 크기가 점점 줄어들다가 0°가 되고, 나중에는 다각형의 내부에 외각이 생긴다. 정수의 곱셈을 배우면 어느 교과서에나 등장하는 활동이 있다. 아래의 오른쪽 그림처럼 3에 곱하

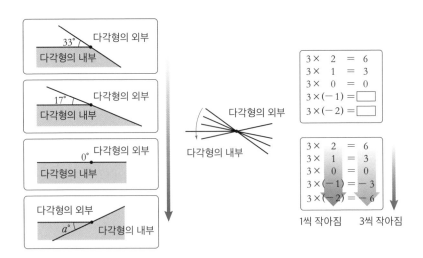

는 숫자를 하나씩 줄여가며 두 수의 곱을 예측하는 활동이다. 곱하는 숫자가 1씩 작아짐에 따라 두 수의 곱이 3씩 작아짐을 알 수 있다. 따라서 $3 \times (-1) = -3$, $3 \times (-2) = -6$이라는 결과가 자연스럽다. 마찬가지로 다각형의 내부에 생긴 외각 $a°$가 양수가 되는 것보다 음수가 되는 것이 훨씬 자연스럽다.

이처럼 여러 가지 측면에서 살펴보았을 때, 다각형의 내부에 생긴 외각은 양수보다 음수로 정하는 것이 수학적으로 자연스럽다. 그러면 다각형의 내부에 생긴 외각을 음수로 정의했을 때, 볼록다각형처럼 오목다각형에서의 외각의 크기의 합도 360°일까? 가장 간단한 오목다각형을 통해 외각의 성질이 그대로 유지되는지 확인해보자.

이 오목육각형의 내각은 한 꼭짓점을 제외하고 모두 직각이다. 외각의 크기의 합을 구해보자. 그림처럼 꼭짓점 C의 외각의 크기는 $(-90)°$이고, 나머지 꼭짓점에서 외각의 크기는 90°이다. 따라서 외각의 크기의 합은 $90 + 90 + (-90) + 90 + 90 + 90 = 360$,

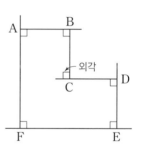

즉 360°이다.(만약 외각을 양수로 정했다면, 외각의 크기의 합은 540°가 된다.) 따라서 이 오목다각형은 볼록다각형이 갖는 외각의 성질을 그대로 유지한다. 하지만 매번 각을 직접 더해서 확인할 수는 없다. 이제 오목다각형에서 외각의 크기의 합이 360°임을 기하다운 접근 방법으로 설명해보자.

삼각형의 성질을 이용한다

2009년에 발견한 이 방법은 '삼각형
의 한 외각의 크기는 그것과 이웃하지
않은 두 내각의 크기의 합과 같다'는 삼
각형의 성질을 이용한다.(삼각형의 한 변

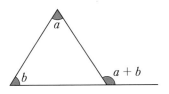

과 평행한 선분 하나를 그 변과 마주보는 꼭지점에 그린 뒤 동위각과 엇각의 성질
을 사용하면 쉽게 설명할 수 있다.)

이 성질을 앞에서 제시한 오목다각형에 적용해보자. 오목하게 들
어간 부분을 평평하게 펴주는 것이 포인트다. 꼭짓점 A와 C를 잇는
선분을 그린다. 그러면 삼각형 ABC가 생긴다. 삼각형의 두 내각을 x,
y라 하자. 위에서 언급한 삼각형의 성질에 의해 꼭짓점 B의 외각은
$-(x+y) = -x-y$이다.

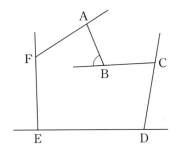
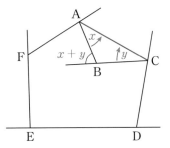

새로 그린 선분에 의해 만들어진 볼록오각형 ACDEF를 살펴보자.
꼭짓점 A의 외각은 오목육각형의 외각을 x만큼 줄인 것이다. 그리고
꼭짓점 C의 외각은 오목육각형의 외각을 y만큼 줄인 것이다. 결국 오
목육각형에서 꼭짓점 A, B, C의 외각의 크기의 합은 볼록오각형에서

꼭짓점 A, C의 외각의 크기의 합과 같다.

(꼭짓점 A의 외각)+(꼭짓점 C의 외각)+(꼭짓점 B의 외각)

= (꼭짓점 A의 외각)+(꼭짓점 C의 외각)+$(-x-y)$ ⎤ 오목육각형

= $\underbrace{(\text{꼭짓점 A의 외각})-x}_{\text{(오각형에서 꼭짓점 A의 외각)}}$ + $\underbrace{(\text{꼭짓점 C의 외각})-y}_{\text{(오각형에서 꼭짓점 C의 외각)}}$

다른 꼭짓점에서 외각은 볼록오각형과 오목육각형 모두 같기 때문에, 결국 오목육각형의 외각의 크기의 합과 볼록오각형의 외각의 크기의 합은 같다. 볼록오각형의 외각의 크기의 합은 360°이므로, 오목육각형의 외각의 크기의 합도 360°이다.

(오목육각형의 외각의 크기의 합)

= (볼록오각형 ACDEF의 외각의 크기의 합) = 360°

이렇게 오목다각형에서 오목하게 들어간 부분을 펴서 만든 볼록다각형과 외각의 크기의 합이 같다는 사실을 보이면, 오목다각형의 외각의 크기의 합이 360°임을 설명할 수 있다.

평행선의 성질을 이용한다

다음은 책을 집필하는 도중 발견한 방법이다. 볼록다각형의 외각의 크기의 합이 360°임을 보이는 과정에서 사용한 평행선의 성질을 이용

한 것이다.

꼭짓점 B의 외각을 표시하기 위해 그린 연장선과 평행한 직선을 그린다. 단, 꼭짓점 A를 지나도록 그린다. 꼭짓점 C의 외각을 표시하기 위해 그린 연장선을 평행선과 만나도록 더 연장한다. 두 직선이 만나는 점을 G라 하자.

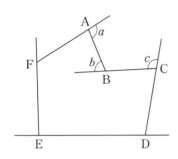
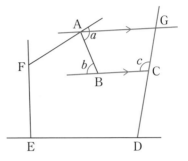

이제 볼록오각형 AGDEF를 생각하자. 동위각의 성질을 이용하면 오목육각형에서 꼭짓점 C의 외각은 볼록오각형에서 꼭짓점 G의 외각과 같다. (엇각의 성질을 이용해도 된다.) 엇각의 성질에 따르면 $\angle BAG = b$임

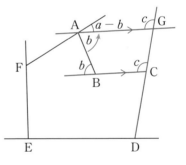

을 알 수 있다. 오목육각형에서 꼭짓점 A의 외각을 a라 하면, 볼록오각형에서 꼭짓점 A의 외각의 크기는 $a-b$이다. $a-b = a+(-b)$이므로, 오목육각형에서 꼭짓점 A와 B의 외각을 더한 값과 같다. 기하적으로 해석하면 꼭짓점 A에서 볼록다각형의 외각은 오목육각형의 외각을 b만큼 줄인 것이다.

마지막으로 오목육각형과 볼록오각형에서 다른 외각의 크기는 모두 같다. 따라서 오목육각형과 볼록오각형의 외각의 크기의 합이 같다는 사실을 알 수 있다.

(오목육각형의 외각의 크기의 합)
= (볼록오각형 AGDEF의 외각의 크기의 합) = 360°

별 모양 오목다각형의 외각의 크기의 합

별 모양 오목다각형에서도 위의 방법을 반복해서 이용하면 외각의 크기의 합이 360°임을 보일 수 있다. 설명은 간단히 그림으로 대체하겠다.

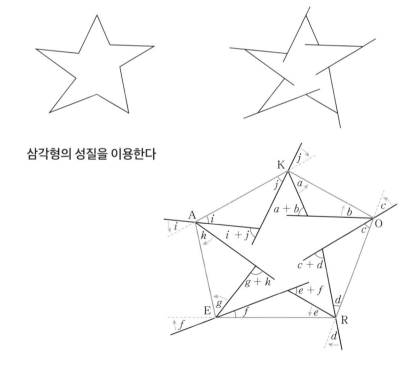

삼각형의 성질을 이용한다

(별 모양 오목다각형의 외각의 크기의 합)

= (볼록오각형 KOREA의 외각의 크기의 합) = 360°

평행선의 성질을 이용한다

평행한 직선을 겹치지 않게 그리기 위해 다각형의 내부에 생기는 외각을 일정한 방향으로 표시했다.

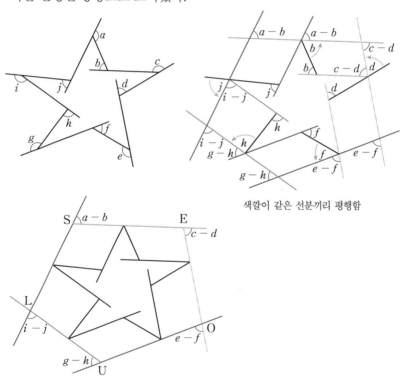

색깔이 같은 선분끼리 평행함

(별 모양 오목다각형의 외각의 크기의 합)

= (볼록오각형 SEOUL의 외각의 크기의 합) = 360°

4

각의 '순간이동'
이용하기

마지막으로 몇몇 지도서에서 볼 수 있는 방법을
다뤄보도록 하겠다. 다만 이해를 돕기 위해 지도서
와는 다르게 새로운 용어를 사용할 계획이다. 각의
'순간이동'이다. 주어진 각 a를 '순간이동'시켜보

자. 각 a를 순간이동시키는 방법은 각 a를 이루는 두 선분과 평행한 선
분 2개를 그리는 것이다.

① 평행한 선분 하나를   ② 나머지 평행한 선분   ③ 각 a를 표시한다.
　그린다.　　　　　　　　　　하나를 그린다.

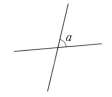

이렇게 하면 다른 곳에 각 a를 표시할 수 있는데, 마치 순간이동한 것 같아 각의 '순간이동'이라는 이름을 붙였다. 그럼 정말 각 a가 유지되는지 살펴보자. 각 a를 이루는 두 선분과 평행한 선분 2개를 그린 후, 새롭게 만들어진 각을 b라 하자.

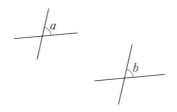

선분 2개를 연장해 서로 만나게 한다. 평행선에서 동위각의 크기는 같다는 성질을 2번 이용하자. 그러면 각 a와 각 b가 같음을 알 수 있다. 따라서 평행한 선분 2개를 그려 각을 순간이동시키면 각의 크기가 똑같이 유지된다.

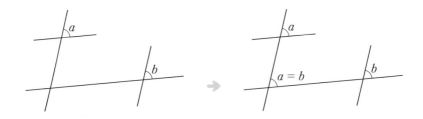

각의 순간이동을 이용하면 다각형의 외각의 크기의 합이 360°임을 쉽게 설명할 수 있다. 우선 주어진 삼각형에 외각을 표시한다. 단, 외각을 일정한 방향으로 표시하도록 하자.

위의 그림처럼 삼각형 가운데에 점 하나를 찍자. 그리고 이 점에 삼각형의 각 변과 평행한 선분을 그린다. 외각을 표시하기 위해 연장선을 그린 방향으로 선분을 그린다. 이제 각 a, b, c를 순간이동시킬 수 있다. 순간이동으로 삼각형의 모든 외각을 한 점에 모으면 외각의 크기의 합이 $360°$라는 사실이 눈에 보인다.

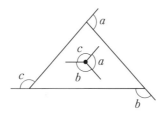

사각형과 오각형에서도 각의 순간이동을 이용하여 외각을 한 점에 모아보자. 다각형 가운데에 점을 찍고 각 변과 평행한 선분을 그린다. 그리고 모든 외각을 순간이동시켜 가운데 점에 모은다.

사각형

오각형

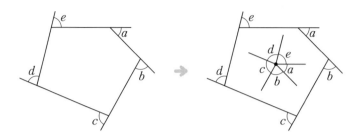

오목다각형의 외각의 크기의 합을 구하는 데에도 각의 순간이동을 이용할 수 있다. 각의 순간이동으로 외각을 한 점에 모은다. 외각을 모두 더해보면, 그 합이 360°임을 확인할 수 있다. 외각이 양수일 때는 시계 반대 방향, 음수일 때는 시계 방향으로 돌리면 쉽게 이해할 수 있을 것이다.

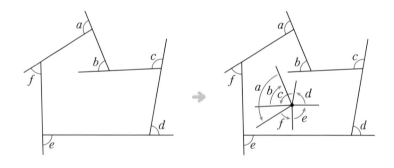

특허 받은 수학 교구 – '2S진 8각 부메랑'

'2S진 8각 부메랑'은 안쪽의 공백으로 다각형을 나타낼 수 있는 수학 교구다. 간단한 조작을 통해 다음 그림처럼 팔각형, 육각형, 평행사변형, 정사각형을 만들 수 있다. 칠각형, 오각형, 삼각형도 나타낼 수 있다. 더불어 변형을 통해 외각을 한곳에 모아 외각의 크기의 합이 360° 임을 바로 확인할 수 있는 유용한 교구다.

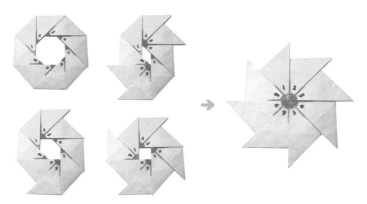

이 교구는 교과서에 등장하는 '카메라 조리개'와 어렸을 때 자주 만들었던 '변신 표창'에서 아이디어를 얻었다. 카메라 조리개가 닫히는 과정을 살펴보면, 다각형의 외각의 크기의 합이 360°임을 직관적으로 알 수 있다.

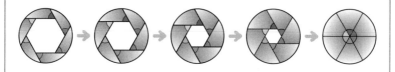

'변신 표창' 종이접기는 위의 카메라 조리개와 비슷한 형태로 변형할 수 있다. 하지만 외각을 모으기 위해 변형하면 외각이 사라지는 단점이 있다.

변형을 했을 때에도 외각이 표시되는 종이접기 방법을 연구하기 시작했다. 많은 실패작을 만들면서 여러 시행착오 끝에 '2S진 8각 부메랑'을 발명했다. 2017년에 신규성과 진보성을 인정받아 '다각형의 외각의 합을 확인하는 변형 학습교구'라는 발명의 명칭으로 특허에 등록되는 영광을 누렸다. 학생들이 직접 수학 교구를 만들어보고, 조작을 통해 수학의 성질을 확인하는 용도로 사용할 수 있다. 단, 만들 때 칼을 사용하므로 다치지 않도록 안전에 유의할 것!

'2S진 8각 부메랑' 제작 방법

준비물 : 물놀이 색종이*(같은 색 8장), 자, 칼

제작 시간 : 15~20분

부품 제작 방법

(총 8개 제작)

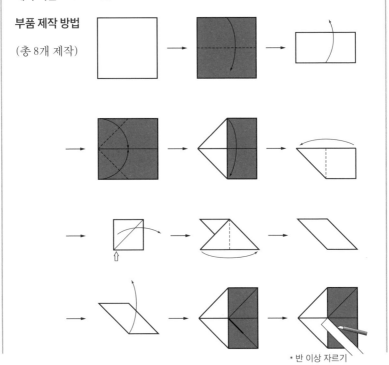

*반 이상 자르기

---

* 그냥 색종이로도 제작할 수 있지만 튼튼하지 않아 조작이 많이 불편하다. 물놀이 색종이 대신 트레이싱지 (반투명지)를 사용해도 된다. 트레이싱지가 조작하기에 가장 좋은 재료이나 A4 용지 규격으로 판매하고 있어 정사각형 모양으로 오려야 하는 불편함이 있다.

조립 방법

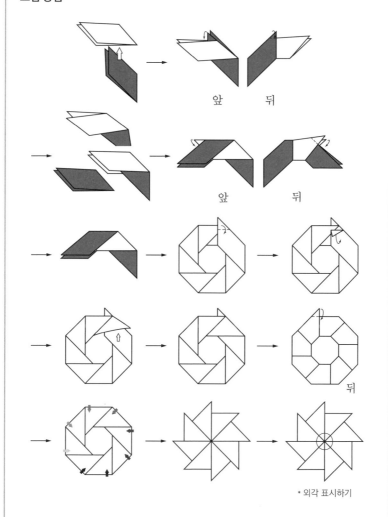

앞　　뒤

앞　　　뒤

뒤

* 외각 표시하기

제작 방법 동영상 QR코드

CHAPTER 3

정수의 덧셈과 뺄셈

기존의 방법에서
벗어나자

1

정수의 연산,
괄호가 꼭 필요할까?

(+−)

　앞 장에서는 오목다각형을 다루면서 다각형의 외각의 범위를 음수까지 확장해보았다. 한 내각의 크기가 180°를 넘는 꼭짓점에서 외각을 음수로 정하면 오목다각형에서도 외각의 크기의 합을 360°로 만들 수 있었다. 음수는 중학교 1학년 1학기에 배우는 개념이다. 특히 음수를 포함한 '정수의 덧셈과 뺄셈'은 중학교 수학의 첫 고비가 되는 단원이다. 수학 교사로서 이 단원은 정말 중요하다고 생각한다. 정수의 계산을 못하면 그 뒤에 나오는 내용들도 따라가기 힘들기 때문이다.

　교사가 되고 나서 정수의 덧셈과 뺄셈 단원을 접할 때마다 항상 불편한 느낌을 받았다. 이전에는 몰랐지만, 가르치는 입장에서 교과서를 보니 의문이 생겼다. 일반적으로 수학에서는 계산을 할 때 괄호를 풀면서 정리한다. 예를 들면 다음과 같다.

$$(3+2) \times \{(5+4)-6\}-7$$

$$= (3+2) \times \{9-6\}-7$$

$$= (3+2) \times 3-7$$

$$= 5 \times 3-7 = 15-7 = 8$$

하지만 교과서의 정수의 덧셈과 뺄셈 단원에서는 이렇게 수학적으로 자연스러운 사항이 적용되지 않는다. $-7-9$를 계산하기 위해서는 $-7-9 = (-7)-(+9) = (-7)+(-9)$처럼 괄호가 있는 식인 $(-7)+(-9)$로 바꿔서 계산해야 한다. 이는 교과서에서 배우는 순서를 살펴보면 잘 드러난다. 가장 먼저 $(-3)+(-1)$과 같은 정수의 덧셈을 어떻게 계산하는지 배운다. 그런 다음 $(-5)-(-1)$과 같은 정수의 뺄셈을 배우는데, 뺄셈을 덧셈으로 바꿔 덧셈의 방법으로 계산한다. 우리가 직접 계산할 수 있는 방법은 정수의 덧셈뿐이기 때문이다. 괄호가 없는 식인 $-7-9$도 마찬가지다. 정수의 덧셈으로 계산해야 하므로 애써 괄호가 있는 식으로 만들어야 한다.

교과서에서 배우는 순서

1. 정수의 덧셈을 배운다.

$$(-3)+(-1) = -4$$

2. 정수의 뺄셈은 덧셈으로 바꿔서 계산하도록 배운다.

$$(-5)-(-1) = (-5)+(+1)$$

3. 괄호가 없는 식을 괄호가 있는 식으로 바꿔서 정수의 덧셈으로 계산하도록 배운다.

$$-7-9 = (-7)-(+9) = (-7)+(-9)$$

없는 괄호를 굳이 다시 만들어 계산해야만 하는지 의문이 들었다. 꼭 교과서의 방법대로만 계산해야 할까? 괄호를 풀면서 계산하면 안 될까? 2015년에 참여한 '수학교과서 개선연구회'에서 괄호를 풀면서 계산하는 방법을 제시한 적이 있다. 특별한 방법은 아니었다. 단지 순서를 바꾸어, 괄호를 풀면서 자연스럽게 $(-7)+(-9) = -7-9$로 계산하자는 것이다. 그 대신 괄호가 없는 $-7-9$를 직접 계산할 수 있는 방법으로 지도하면 된다.

괄호를 푸는 방법은 간단하게 '+와 -가 만나면 -가 된다'는 아이디어를 사용하자고 했다. 하지만 수학 선생님들은 부호와 연산 개념이 모호해지지 않을까 우려했다. 연산기호인 +와 부호인 -를 합쳐 연산기호 -로 만드는 방법이 두 개념을 모호하게 만들어 수학의 엄밀성을 해치지 않을지 걱정했던 것이다. 특히 연구회 중간보고회에서 한 수석교사 수학 선생님이 제기한 비슷한 비판 때문에 큰 좌절감을 얻게 되었다.

$$(-7)+(-9) = -7-9$$

연산 + 부호 = ? 연산

하지만 이렇게 그만둘 수는 없었다. 주장을 뒷받침할 관련 자료들을 찾던 중에 『핀란드 중학교 수학 교과서 7(중1, *Laskutaito*)』을 발견했다. 핀란드 교과서는 실제로 괄호를 풀며 계산하는 방법이 제시되어 있었다. 한 가지 아쉬운 점은 우리나라 교과서에 비해 개념의 논리적인 설명이 거의 없다는 것이다. 논리적으로 타당한 설명이 없다면, 우리나라 수학 선생님들을 설득하기 힘들 터였다. 부호와 연산을 정확히 구별하면서도 괄호를 풀며 계산할 수 있는 논리적인 방법이 필요했다.

두 달 넘게 고민한 끝에 정수의 덧셈과 뺄셈의 새로운 모델인 '시소 모델'을 만들게 되었다.* 시소 모델은 괄호를 풀면서 계산해야 한다는 주장과는 별개로 정수의 덧셈과 뺄셈을 이해하는 데에도 큰 도움을 준다는 사실을 깨달았다. 시소 모델을 통해 좀 더 직관적으로 정수의 덧셈과 뺄셈을 이해할 수 있을 것이다.

만약 정수의 계산을 완벽하게 할 수 있는 학생이라면, 이번 장은 무슨 의미가 있을까? 이 책에서 제안하는 정수의 계산 방법은 교과서의 방법과 다르다. 새로운 정수 계산 방법을 기존 방법과 비교해보는 시간은 정수의 계산에 대한 수학의 원리를 보다 정확히 이해하고 수학적 사고력을 키울 수 있는 기회가 될 것이다.

물론 이 책의 방법만 옳은 것은 아니다. 중요한 점은 여러 가지 방법을 비교하여 자신에게 맞는 방법을 선택하는 것이다. 교과서의 기존 방법이 더 좋다고 생각하면, 그 방법을 사용하면 된다. 비교를 통해 기존 방법이 더 좋다고 생각하게 만든 것만으로도, 새롭게 소개한 방법은 자신의 역할을 다한 것이라 생각한다. 선택의 과정 속에서 수학적으로 생각하는 힘이 길러지기를 바랄 뿐이다.

4차 산업혁명 시대에서는 다양한 정보와 방법이 무수히 쏟아지기 때문에 선택의 중요성이 더욱 커지게 될 것이다. 수학에서 키운 논리적

---

* 교과서에서 볼 수 있는 모델은 '수직선 모델', '셈돌 모델' 등이 있다.

으로 사고하는 힘은 좋은 선택을 하는 데 큰 도움이 될 수 있다. 수학을 배우면서 겪는 선택의 경험은 매우 중요하다. 이번 장을 읽으면서 선택의 경험을 내 것으로 만들어보자.

2

'시소 모델',
자연수에서 정수로

자연수의
연산

자연수(양의 정수)에 0과 음의 정수를 합쳐서 만든 수 체계가 정수다. 이처럼 정수는 자연수를 포함하기 때문에 자연수의 덧셈과 뺄셈에서 시작해서 단계별로 정수의 덧셈과 뺄셈을 계산해보려고 한다. 자연수는 일정한 간격을 두고 수가 표시된 수직선에서 시각적으로 표현할 수 있다. 정수 또한 수직선 위에서 시각적으로 표현된다. 직선 위에 0을 기준으로 왼쪽에는 음의 정수를, 오른쪽에는 양의 정수를 일정한 간격으로 표시한 것이 바로 수직선이기 때문이다. 우선 수직선을 이용하여 자연수의 덧셈과 뺄셈을 계산하면서, 정수의 덧셈과 뺄셈의 새로운 모델인 '시소 모델'을 소개하겠다. 먼저 다음 질문에 답해보자.

[문제]

5－3을 계산하기 위해 수직선 위의 점 5에 0부터 시작하는 수직선의 일부분을 다음과 같이 세워놓자. 그리고 세운 수직선 위에 빼는 수인 자연수 3을 표시하자.

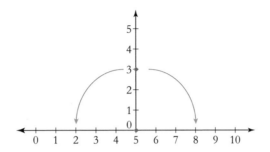

1) 5－3을 계산하려면 세운 수직선을 오른쪽 아래로 떨어뜨려야 할까, 왼쪽 아래로 떨어뜨려야 할까?

2) 5＋3을 계산하려면 세운 수직선을 오른쪽 아래로 떨어뜨려야 할까, 왼쪽 아래로 떨어뜨려야 할까?

5－3 ＝2, 5＋3 ＝8이다. 따라서 5－3을 계산하기 위해서는 수직선을 왼쪽 아래로 떨어뜨려야 하고, 5＋3을 계산하기 위해서는 수직선을 오른쪽 아래로 떨어뜨려야 함을 알 수 있다.

이를 통해 다음 그림처럼 더하기 시소와 빼기 시소를 만들 수 있다. 자연수를 더할 때에는 더하기 시소, 자연수를 뺄 때는 빼기 시소를 이용한다. 더하기 시소와 빼기 시소를 합쳐서 '시소 모델'이라고 부른다.

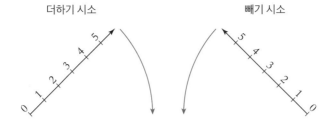

더하기 시소를 이용하여 3+4를 구해보자. 수직선 위의 자연수 3에 더하기 시소의 0을 맞춘다. 더하는 수 4를 더하기 시소에 표시한 후 더하기 시소를 수직선으로 내린다. 답이 7임을 금방 알 수 있다.

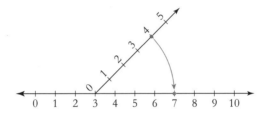

이번엔 빼기 시소를 이용하여 6-5를 구해보자. 수직선 위의 자연수 6에 빼기 시소의 0을 맞춘다. 빼는 수 5를 빼기 시소에 표시한 후 빼기 시소를 수직선으로 내린다.

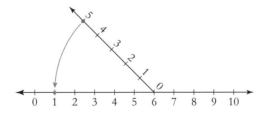

실제로 이 방법을 사용할 때에는 수직선의 수를 모두 표시할 필요 없이 간단하게 그리면 된다. 단 2개의 선과 숫자만으로 손쉽게 시소 모

델을 사용할 수 있다.

시소 모델 이용하는 방법

① 수직선을 그린다.

② 빼지는(더해지는) 수를 표시한다.

③ 빼기(더하기) 시소에 빼는(더하는) 수를 표시하고 시소를 내린다.

④ 수직선의 어느 위치로 내려가는지 확인한다.

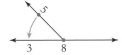

   2장에서 다각형의 외각의 크기가 음수인 경우를 살펴보았다. 외각을 양수에서 음수로 확장해도 다각형의 외각의 크기의 합은 그대로 360°였다. 이것은 어떤 수학적인 구조를 확장해도 기존의 체계에서 성립한 성질이 그대로 유지된다는 '형식불역의 원리' 때문이다. 수에서 가장 기본이 되는 성질인 덧셈과 뺄셈도 마찬가지다. 자연수에서 정수로 확장해도 덧셈과 뺄셈의 기본 성질은 유지되어야 한다. 따라서 형식불역의 원리를 이용함으로써 자연수의 덧셈과 뺄셈의 방법을 정수의 덧셈과 뺄셈으로 확장할 수 있다. 자, 한번 시작해보자.

'2-5'는
얼마일까?

자연수의 덧셈은 (자연수)+(자연수), 자연수의 뺄셈은 (자연수)−(자연수)이다. 여기서 계산을 할 수 없는 경우가 있는데, 2−5와 같이 뒤의 수가 앞의 수보다 클 때다. 이 식을 계산하기 위해서는 5−2를 계산하는 데 사용하는 자연수의 뺄셈의 방법을 그대로 적용하면 된다.

2−5는 2에서 5를 빼라는 지시다. 5−3 =2를 계산할 때 사용할 수 있는 빼기 시소를 그대로 2−5에 적용해보자. 수직선만 음의 정수까지 표시하면 된다. 형식불역의 원리에 의해 자연수의 덧셈과 뺄셈에 대한 기본 성질이 유지되어 옳은 계산값을 구할 수 있다.

빼기 시소를 이용하여 2−3, 2−5를 계산하면 다음과 같다.

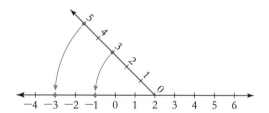

따라서 2−3 =−1, 2−5 =−3임을 알 수 있다.

마찬가지로 빼기 시소를 이용하여 3−4와 1−3을 계산하면 −1과 −2가 나온다.

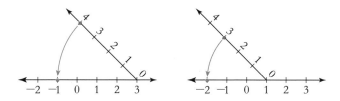

[문제 1]

직접 빼기 시소를 이용하여 다음을 계산해보자. (답은 153쪽)

(1) 1−5   (2) 4−10   (3) 5−12

'−2−3'은
얼마일까?

그 다음은 어떤 식을 계산해볼까? '자연수'를 뺄 때는 빼기 시소를 그대로 이용하면 되므로, 빼지는 수를 '음의 정수'로 바꿔서 (음의 정수)−(자연수)를 계산해보자.

'−2−3'은 −2에서 3
을 빼는 식이므로 빼기
시소를 이용한다. 수직
선 위에 −2에서 시작

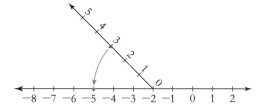

하는 빼기 시소를 그린다. 빼는 수 3을 빼기 시소에 표시한 후 수직선으로 내리면 뺄셈의 결과가 −5임을 알 수 있다. 따라서 −2−3 = −5이다.

앞에서는 빼기 시소를 놓는 위치가 자연수(양의 정수)였다면, 이번엔 빼기 시소를 놓는 위치를 음의 정수까지 확장했을 뿐이다. 그래도 수학적인 성질은 변하지 않으므로 옳은 결과를 이끌어낼 수 있다.

마찬가지로 빼기 시소를 이용하여 −3−4와 −6−3을 계산하면 다음과 같이 −7과 −9가 나온다.

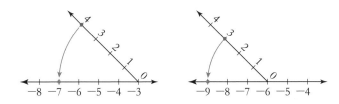

[문제 2]

직접 빼기 시소를 이용하여 다음을 계산해보자. (답은 153쪽)

(1) −4−2   (2) −2−6   (3) −3−9

'−3+5'는
얼마일까?

이제 더하기 시소를 사용해보자. 더하기 시소를 이용하여 해결한 3+4를 다시 살펴보자. 수직선 위의 양의 정수 3에 더하기 시소의 0을 맞춘다. 더하는 수 4를 더하기 시소에 표시한 후 시소를 수직선으로 내린다.

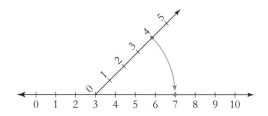

이 방법을 활용하여 (음의 정수)+(자연수)를 계산하는 방법을 살펴보자. 더하기 시소를 놓는 위치를 자연수(양의 정수)에서 음의 정수로 확장한다. 그래도 자연수의 덧셈에 더하기 시소를 사용할 수 있도록 했던 수학적인 성질은 변하지 않는다.

더하기 시소를 이용
해서 −3+5를 계산해
보자. 수직선 위에 −3
에서 시작하는 더하기
시소를 그린다. 더하는

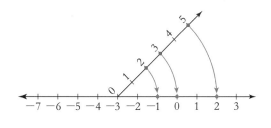

수 5를 더하기 시소에 표시한 후 시소를 수직선으로 내리면 답이 2임을 알 수 있다. 따라서 −3+5 = 2이다. 같은 방법으로 −3+2 = −1, −3+3

＝0임을 알 수 있다.

마찬가지로 더하기 시소를 이용하여 $-7+3$과 $-1+4$를 계산하면 다음과 같이 -4와 3이 나온다.

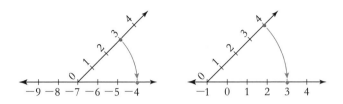

[문제 3]
- -

직접 더하기 시소를 이용하여 다음을 계산해보자. (답은 153쪽)

(1) $-1+5$ (2) $-5+2$ (3) $-3+7$

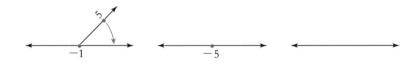

- -

지금까지 자연수를 더하거나 빼는 방법을 살펴보았다. 다음과 같이 총 4가지 경우로 정리된다.

정수의 관점에서 자연수를 양의 정수라 부른다. 따라서 자연수를 더하거나 빼는 모든 방법을 '양의 정수의 덧셈과 뺄셈'이라 부르자. 자연

수의 덧셈과 뺄셈에서 사용했던 시소 모델은 양의 정수의 덧셈과 뺄셈에서도 똑같이 적용할 수 있었다. 어차피 두 경우 모두 자연수를 더하거나 빼는 형태이기 때문이다. 자연수를 더할 때는 더하기 시소를, 자연수를 뺄 때는 빼기 시소를 사용하면 된다.

'시소 모델'을 이용한 정수의 덧셈과 뺄셈

이제 (+2)+(−3), (+1)−(−5)처럼 교과서에서 자주 접하는 괄호가 있는 정수의 덧셈과 뺄셈을 살펴보자. (+2)+(−3)은 음의 정수 −3을 더한 식이다. (+1)−(−5)는 음의 정수 −5를 뺀 식이다. 모두 음의 정수를 더하거나 뺀 식인 것이다. 음수를 더하거나 뺄 때는 어떤 방법을 사용해야 할까?

(−3)−(−3)을 계산하기 위해 수직선 위의 점 −3에서 0부터 시작하는 수직선의 일부분을 다음 그림처럼 세워놓자. 세운 수직선 위에 빼는 수 −3을 표시하자.

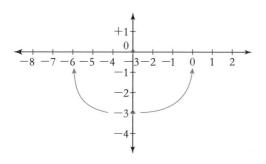

이어서 어떤 수를 같은 수로 빼면 0이 된다는, 즉 △−△ = 0이라는 수의 성질을 적용해보자. (−3)−(−3)을 계산하려면 세운 수직선을 오른쪽 위로 올려야 할까, 왼쪽 위로 올려야 할까? (−3)−(−3) = 0이므로 오른쪽 위로 올려야 한다는 사실을 알 수 있다.

마찬가지로 어떤 수를 0과 더하면 같은 수가 된다는, 즉 0+△ = △이라는 수의 성질을 이용해보자. 0+(−3) = −3이므로 세운 수직선을 왼쪽 위로 올려야 함을 알 수 있다.

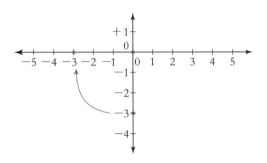

이처럼 음의 정수를 더하기 위해서는 세운 수직선을 왼쪽 위로 올려야 하고, 음의 정수를 빼기 위해서는 세운 수직선을 오른쪽 위로 올려야 한다. 이를 통해 더하기 시소와 빼기 시소를 음의 정수로 확장할 수 있다. 정수를 더할 때에는 더하기 시소, 정수를 뺄 때는 빼기 시소를 이용한다. 영역을 확장해도 기존 성질들이 유지된다는 형식불역의 원리를 생각하면, 더하기 시소와 빼기 시소가 다음 그림처럼 음의 정수까지 확장되는 것은 당연한 결과다.

이제 더하기 시소와 빼기 시소를 이용하여 정수의 덧셈과 뺄셈을 계산해보자. 시소 모델을 사용하는 방법은 양의 정수를 더하거나 뺄 때와

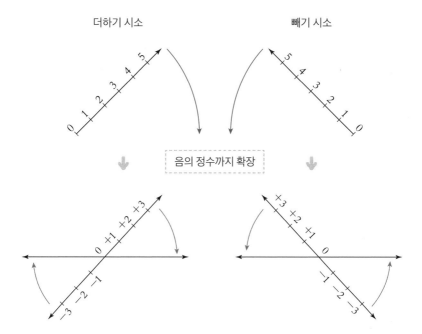

똑같다.

(+2)+(−3)을 더하기 시소를 이용하여 구해보자. 수직선 상 +2에 더하기 시소의 0을 맞춘다. 더하는 수 −3을 더하기 시소에 표시한 후 시소를 수직선으로 올린다.

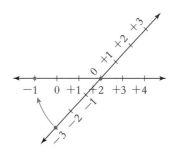

(−3)−(−2)를 빼기 시소를 이용하여 구해보자. 수직선 상 −3에 빼기 시소의 0을 맞춘다. 빼는 수 −2를 빼기 시소에 표시한 후 시소를 수직선으로 올린다.

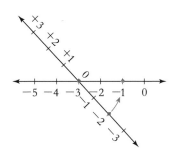

이렇게 시소 모델을 통해 (+2)+(−3) = −1, (−3)−(−2) = −1임을 알 수 있다.

(−1)+(−5)를 계산하기 위해 실제로 더하기 시소를 그릴 때는 다음 그림처럼 간단하게 나타낼 수 있다. −1에서 왼쪽으로 5칸을 이동해야 하므로 (−1)+(−5) = −6이다. 이번엔 (+3)−(−4)를 계산하기 위해 빼기 시소를 이용해보자. +3에서 오른쪽으로 4칸을 이동해야 하므로 (+3)−(−4) = +7이다.

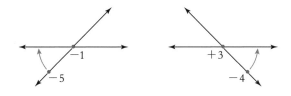

[문제 4]

직접 시소 모델을 이용하여 다음을 계산해보자. (답은 153쪽)

(1) $(+6)+(-3)$ (2) $(-2)-(-4)$

교과서에서는 $(-7)+(+2)$, $(-1)-(+5)$와 같이 양의 정수를 더하거나 빼는 식도 등장한다. 각각을 더하기 시소와 빼기 시소를 이용하여 구해보면 다음과 같다.

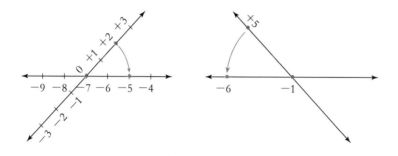

따라서 $(-7)+(+2)=-5$, $(-1)-(+5)=-6$이다.

(−1)−(+3) = (−1)+(−3)인
수학적인 이유는?

교과서에서는 정수의 덧셈을 계산하는 방법을 먼저 배운 후 정수의 뺄셈을 배운다. 정수의 뺄셈은 정수의 덧셈으로 바꾸어 계산한다. 왜냐하면 우리가 직접 계산할 수 있는 것은 정수의 덧셈뿐이기 때문이다. 따라서 정수의 뺄셈을 정수의 덧셈으로 바꾸는 방법을 알아야 한다.

교과서에서는 어떻게 이 방법을 수학적으로 설명하고 있을까? 자연수의 덧셈과 뺄셈이 역연산 관계라는 사실을 이용한다. 자연수에서 성립하는 이 관계가 정수에서도 성립한다고 보는 것이다.

두 자연수의 덧셈과 뺄셈에서 다음과 같은 관계가 성립한다.

$$5 + 3 = 8 \Leftrightarrow 8 - 3 = 5$$

마찬가지로 두 정수의 덧셈과 뺄셈도 다음과 같이 나타낼 수 있다.

$$(-4) + (+3) = -1 \Leftrightarrow (-1) - (+3) = -4$$

그런데 $(-1) + (-3) = -4$이므로

$$(-1) - (+3) = (-1) + (-3)$$

즉, -1에서 $+3$을 빼는 것은 -1에 -3을 더하는 것과 같다.

따라서 정수의 뺄셈은 덧셈으로 고쳐서 계산할 수 있다.

덧셈으로 고친다

$$\overbrace{-(+2) = +(-2)}$$
$$-(-2) = +(+2)$$

부호를 바꾼다

| 수의 뺄셈

두 수의 뺄셈은 빼는 수의 부호를 바꾸어 덧셈으로 고쳐서 계산한다.

그러나 이미 살펴보았듯이 시소 모델을 이용하면 정수의 덧셈뿐 아니라 정수의 뺄셈도 직접 계산할 수 있다. 따라서 덧셈과 뺄셈이 역연산 관계라는 사실을 이용하지 않고도 시소 모델로 $(-1) - (+3) =$

$(-1)+(-3)$임을 보일 수 있다. 사실 시소 모델을 이용하면 정수의 뺄셈도 직접 계산할 수 있으므로 굳이 덧셈으로 바꿀 필요가 없다.

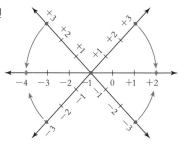

오른쪽 그림과 같이 빼기 시소를 이용하면

$(-1) - (+3) = -4$, $(-1) - (-3) = +2$

임을 알 수 있다.

더하기 시소를 이용하면

$(-1) + (-3) = -4$, $(-1) + (+3) = +2$

이다. 따라서

$(-1) - (+3) = (-1) + (-3)$

$(-1) - (-3) = (-1) + (+3)$

즉, −1에서 +3을 빼는 것은 −1에 −3을 더하는 것과 같고, −1에서 −3을 빼는 것은

−1에 +3을 더하는 것과 같다.

따라서 정수의 뺄셈은 덧셈으로 고쳐서 계산할 수 있다.

3

이제 괄호는
그만!

+ −

괄호가 없는
정수의 덧셈과 뺄셈으로 바꾸기

시소 모델은 정수의 덧셈과 뺄셈을 괄호를 풀어가며 계산하자는 주장에서 나왔다. 이제 어떻게 하면 괄호를 풀며 정수의 덧셈과 뺄셈을 계산할 수 있는지 살펴보도록 하자. 여기서부터는 교과서와 전혀 다른 방법으로 정수의 덧셈과 뺄셈을 다룰 것이다. 배우는 입장보다는 가르치는 입장에서 정수의 덧셈과 뺄셈에 접근하려 한다.

핀란드의 수학 교과서를 해설한 『핀란드 중학교 수학 교과서 7(중1, *Laskutaito*)』에서는 내가 주장한 지도 방법을 그대로 제시하고 있었다. 우선 괄호가 없는 정수의 덧셈과 뺄셈을 '양의 정수의 덧셈과 뺄셈'이라는 단원에서 배운다.* 그런 뒤 괄호가 있는 정수의 덧셈과 뺄셈을 배운다. 이때 핀란드 수학 교과서는 다음과 같이 '괄호 없애기'를 통해 양의 정수의 덧셈과 뺄셈으로 바꾸는 방법을 제안한다.

$$+(+5) = 5, +(-5) = -5, -(+5) = -5, -(-5) = 5$$

이 방법을 이용하면 정수의 덧셈과 뺄셈을 괄호가 없는 정수의 덧셈과 뺄셈으로 바꿔 계산할 수 있다. 이처럼 핀란드 교과서는 '괄호 없애기'를 통해 연산기호를 결정하는 방법을 선택했다. 하지만 이를 수학적으로 설명하지는 않는다. 개념을 이해하는 부분이 생략되어 있어 논리적인 설명을 교사의 재량에만 맡기는 느낌이다.

우리나라 교과서는 학생들이 스스로 공부해도 충분할 만큼 개념이 자세히 설명되어 있다. 학생들이 수학의 원리를 잘 이해할 수 있도록 항상 논리적인 설명이 뒤따른다. 예를 들어 현재 교과서는 정수의 뺄셈을 덧셈으로 고쳐서 계산할 수 있는 수학적인 원리를 설명하고 있다. 덧셈과 뺄셈의 역연산 관계로 말이다.

그렇다면 핀란드 교과서의 '괄호 없애기' 방법도 우리나라 수학 교과서처럼 수학적인 원리를 논리적으로 설명할 수 있을까? 시소 모델을 사용하면 가능하다.

$(-7)+(+2)$를 더하기 시소로 구해보면 다음의 왼쪽 그림과 같다. 그리고 $-7+2$를 더하기 시소로 구해보면 다음의 오른쪽 그림과 같다.

---

* 지난 절에서 사용한 '양의 정수의 덧셈과 뺄셈'이라는 용어도 핀란드 교과서에서 가져온 것이다. 여기서 양의 정수의 덧셈과 뺄셈은 어떤 수에 양의 정수를 더하거나 빼는 것을 의미한다.

둘 다 계산값은 -5이므로, $(-7)+(+2)=-7+2$임을 알 수 있다.

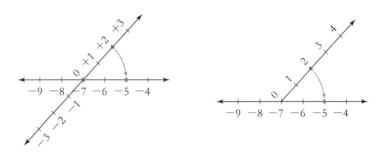

사실 이 두 식이 같다는 사실을 보이는 데 굳이 시소 모델을 이용할 필요는 없다. 양의 부호(+)는 생략이 가능하고, 맨 앞의 수의 괄호와 자연수의 괄호도 생략할 수 있다. $(-7)+(+2)=(-7)+(2)=-7+2$로 부호와 괄호가 생략될 수 있는 것이다. 따라서 $(-7)+(+2)=-7+2$이다.

양수를 뺄 때도 마찬가지다. $(-1)-(+5)$를 빼기 시소로 구하면 왼쪽 그림과 같고, $-1-5$를 빼기 시소로 구하면 오른쪽 그림과 같다. 계산 결과가 같기 때문에 $(-1)-(+5)=-1-5$임을 알 수 있다.

역시 시소 모델을 이용하지 않고도 $(-1)-(+5)=(-1)-(5)=-1-5$처럼 부호와 괄호를 생략하여 $(-1)-(+5)=-1-5$임을 알 수 있다.

이제 음수를 빼거나 더하는 경우도 어떻게 괄호를 없앨 수 있을지 살펴보자. 여기서 시소 모델의 진가가 발휘된다. 우선 오른쪽 그림과 같이 더하기 시소와 빼기 시소를 이용하면 $(-1)+(-3)=-4$, $(-1)-(-3)=+2$ 임을 알 수 있다.

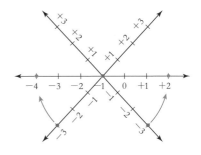

이번엔 괄호가 없는 정수의 덧셈과 뺄셈에서 시소 모델을 이용하여 $-1-3$과 $-1+3$의 계산값을 구해보자.

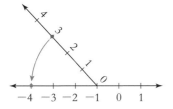

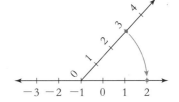

위의 그림처럼 $-1-3=-4$, $-1+3=+2$ 이다. 따라서 $(-1)+(-3)=-1-3$, $(-1)-(-3)=-1+3$이다. 즉, -3을 더하는 것은 3을 빼는 것과 같고, -3을 빼는 것은 3을 더하는 것과 같다.

결국 정수의 덧셈과 뺄셈은 괄호가 없는 정수의 덧셈과 뺄셈으로 고칠 수 있다. 이를 정리하면 다음과 같다.

정수의 덧셈과 뺄셈은 다음과 같이 괄호를 없앨 수 있다.

$$\triangle + (+3) = \triangle + 3 \qquad \triangle - (+3) = \triangle - 3$$

$$\triangle + (-3) = \triangle - 3 \qquad \triangle - (-3) = \triangle + 3$$

이처럼 연산기호와 부호가 만나 연산기호가 된다는 사실을 시소 모델을 통해 보일 수 있다.

$$(-7) + (-9) = -7 - 9$$

| 연산 | + | 부호 | $\overset{!}{=}$ | 연산 |

한편 신기하게도 정수의 덧셈과 뺄셈에서 괄호를 없애는 방법은 나중에 배우는 정수의 곱셈의 계산 방법과 똑같다. 곱셈에서는 +와 −가 모두 부호라는 점에서 덧셈과 뺄셈의 경우와 다르지만, '+와 −가 만나면

정수의 곱셈

$$\begin{array}{l}(+) \times (+) \\ (-) \times (-)\end{array} \Big\rceil \to (+) \left(\begin{array}{c}\text{절댓값의} \\ \text{곱}\end{array}\right)$$

$$\begin{array}{l}(+) \times (-) \\ (-) \times (+)\end{array} \Big\rceil \to (-) \left(\begin{array}{c}\text{절댓값의} \\ \text{곱}\end{array}\right)$$

−가 된다'는 규칙은 같다. 따라서 앞서 덧셈과 뺄셈에서 괄호를 없애는 방법을 잘 배운 학생이라면, 정수의 곱셈을 계산하는 방법을 배우기 훨씬 수월할 수 있다. 물론 방법만 외우면 안 되며, 수학적인 원리를 정확히 이해하고 넘어가야 할 것이다.

시소 모델 없이
괄호가 없는 정수의 덧셈과 뺄셈 계산하기

학교 수업에서는 여전히 정수의 덧셈과 뺄셈을 빠르고 정확하게 계산해야 한다. 제한된 시간 안에 문제를 해결해야 하며, 더 어려운 문제를 해결하기 위해 정수의 덧셈과 뺄셈은 기본이 되어야 한다. 그렇다 보니 교과서에서도 다음과 같이 비교적 빠르게 정수의 덧셈을 계산하는 방법을 제시하고 있다.

| 수의 덧셈

❶ 부호가 같은 두 수의 덧셈은 두 수의 절댓값의 합에 공통인 부호를 붙인 것과 같다.

❷ 부호가 다른 두 수의 덧셈은 두 수의 절댓값의 차에 절댓값이 큰 수의 부호를 붙인 것과 같다.

앞서 살펴봤듯이 정수의 덧셈과 뺄셈은 괄호가 없는 정수의 덧셈과 뺄셈으로 고칠 수 있다. 그러므로 정수의 덧셈과 뺄셈을 더욱 빨리 계산하려면, 괄호가 없는 정수의 덧셈과 뺄셈을 시소 모델 없이 직접 계산할 수 있어야 한다. 바로 위에 제시한 교과서 방법처럼 괄호가 없는 정수의 덧셈과 뺄셈을 계산하는 방법을 정리해보자.

시소 모델을 통해 괄호가 없는 정수의 덧셈과 뺄셈을 직접 계산할 수 있게끔 하는 규칙성을 발견할 수 있다. 이를 정리하면 다음과 같다.

이 방법을 이용하면 $3-6 = -(6-3) = -3,\ 5-11 = -(11-5) = -6$이 된다.

이 방법대로 계산해보면 $-3-4 = -(3+4) = -7,\ -2-6 = -(2+6) = -8$이다.

(음의 정수)+(양의 정수)는 더하기 시소를 이용하면 다음과 같이 구할 수 있었다.

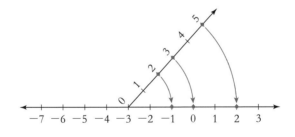

$$-3+2 = -1,\ -3+3 = 0,\ -3+5 = 2$$

그러므로 (음의 정수)+(양의 정수)는 상황에 따라 계산값이 음수,

0, 양수가 될 수 있다. 빼기 시소의 도움을 받아 다음 식을 계산해보자.

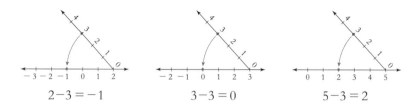

$$2-3 = -1 \qquad 3-3 = 0 \qquad 5-3 = 2$$

더하기 시소와 빼기 시소의 결과값은 각각 -1, 0, 2로 같으므로, $-3+2 = 2-3$, $-3+3 = 3-3$, $-3+5 = 5-3$이다.

음의 정수가 -3이 아닌 다른 경우도 살펴보자.

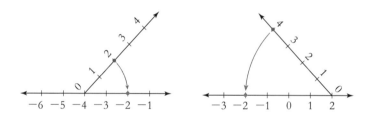

위의 시소 모델에서 $-4+2 = -2$이고 $2-4 = -2$이므로 $-4+2 = 2-4$이다.

이처럼 (음의 정수)+(양의 정수)는 (양의 정수)－(음의 정수의 절 댓값)과 같다. 음의 정수의 절댓값은 양의 정수이므로, 결국 (양의 정 수)－(양의 정수) 형태로 바꿀 수 있다. 따라서 (음의 정수)+(양의 정 수)는 (양의 정수)－(양의 정수)로 바꿔서 계산하면 된다.

이를 정리하면 다음과 같다.

이 방법대로 계산하면

(1) $-5+1=1-5=-(5-1)=-4$ (2) $-3+6=6-3=3$

(3) $-6+3=3-6=-(6-3)=-3$ (4) $-4+9=9-4=5$

결국 이와 같은 방법으로 문제를 푼다면, (양의 정수)−(양의 정수), (음의 정수)−(양의 정수) 두 가지만 기억하면 된다.

자, 마지막으로 정리해보자. 괄호를 푸는 방법을 이용하면 정수의 덧셈과 뺄셈을 괄호가 없는 정수의 덧셈과 뺄셈으로 바꿀 수 있다. 그리고 위에서 정리한 괄호가 없는 정수의 덧셈과 뺄셈의 계산 방법으로 답을 구한다. 현재 교과서에서 정수의 뺄셈을 정수의 덧셈으로 바꾸어 계산하는 것처럼, 괄호가 있는 정수는 괄호가 없는 양의 정수로 바꾸어 계산하는 것이다. 다음 식을 풀면서 다시 한번 머릿속에 정리해보자.

(1) $(+1)+(+5)=1+5=6$

(2) $(+3)-(+6)=3-6=-3$

(3) $(-4)+(-2)=-4-2=-6$

(4) $(-5)-(-4)=-5+4=4-5=-1$

사실 가장 좋은 방법은 매번 시소 모델을 이용하여 계산해보는 것이다. 더하기 시소와 빼기 시소를 꾸준히 이용하다 보면, 계산 방법을 자연스럽게 터득하게 된다. 나중에는 시소 모델 없이도 계산할 수 있을 것이다. 위와 같은 정리도 의식하지 않고 말이다. 따라서 처음에는 시소 모델을 통해 덧셈과 뺄셈을 계산하기를 권장한다. 만약에 계산 방법을 까먹었더라도, 시소 모델을 이용하기 위해서는 2개의 선(수직선과 시소)만 그리면 되므로 쉽게 계산의 원리를 떠올릴 수 있을 것이다. 물론 교육 자체가 바뀌는 상황이 가장 바람직하다. 학생들에게도 시간에 쫓기지 않고 여유롭게 수학을 배울 수 있는 날이 하루 빨리 오길 기대한다.

(−7)+(−9)=−7−9로 배워야 하는 진짜 이유

$-7-9 = (-7)+(-9)$로 진행되는 교과서의 계산 과정은 $(-7)+(-9)$ $=-7-9$로 바꿔 배워야 한다. 식을 계산하는 사람의 입장에서 부자연스러운 과정이기 때문이다. 이제 수학 교사의 입장에서 $(-7)+(-9) =$ $-7-9$로 배워야 하는 타당한 이유를 제시해보겠다. 정수의 계산은 중학교 1학년 수학에서 매우 중요하다. 바로 연계성 때문이다. 예를 들어 나중에 배우는 식의 계산 단원에서는 식을 동류항끼리 정리하기 위해 정수의 덧셈과 뺄셈을 할 수 있어야 한다. 이는 이후 방정식의 풀이 단원에서도 필요하며, 부등식뿐 아니라 함수를 배울 때도 필요하다. 요컨대 정수의 계산을 하지 못하면, 앞으로 수학을 배우는 데 큰 어려움을 겪게 된다.

정수의 덧셈과 뺄셈이 사용되는 일차방정식의 풀이 과정을 살펴보자.

[문제] --

일차방정식 $-3x+13 = 2x+3$을 풀어라.

풀이 좌변의 $+13$을 이항하면 $-3x = 2x+3-13$, $-3x = 2x-10$

　　　 우변의 $2x$를 이항하면 $-3x-2x = -10$, $-5x = -10$

　　　 양변을 -5로 나누면 $\dfrac{-5x}{-5} = \dfrac{-10}{-5}$, $\quad \therefore x = 2$

　풀이 과정에서 볼 수 있듯이 식의 풀이에서 쓰이는 정수의 덧셈과 뺄셈은 괄호가 없는 계산이다. 상수항끼리의 계산은 $3-13 = -10$, 동류항끼리의 계산은 $-3x-2x$이다. 계수끼리의 계산이 $(-3)+(-2)$라고 생각할 수도 있지만 $2x$ 앞에 있는 $-$는 부호가 아닌 연산을 의미하므로 $-3x-2x = (-3-2)x = -5x$로 계산하는 것이 맞다. 교과서에서도 동류항끼리 모아서 계산하는 방법을 $3x+5x = (3+5)x = 8x$, $3x-5x = (3-5)x = -2x$로 설명한다. 교과서로 배운 학생들은 괄호가 없는 정수의 덧셈과 뺄셈을 현 교과서의 방법대로 $-3-2 = (-3)+(-2)$로 바꾸어 계산해야 한다. 숙달되어 $-3-2 = -5$를 바로 이끌어낼 수도 있지만, 그 과정은 여전히 $-3-2 = (-3)+(-2) = -5$이다.

　이렇듯 우리가 실전에서 쓰는 정수의 덧셈과 뺄셈은 괄호가 있는 형태가 아니라 괄호가 없는 형태다. 그럼에도 불구하고 교과서에서는 많은 시간을 할애하여 괄호가 있는 정수의 덧셈과 뺄셈을 지도하고 있다. 정작 괄호가 없는 정수의 덧셈과 뺄셈을 다룬 내용은 어느 교과서를 살퍼보아도 1쪽 분량밖에 되지 않는다. 이렇다 보니 열심히 공부하여 정수의 덧셈과 뺄셈에 익숙해졌다 해도, 괄호가 없는 정수의 계산에 어려움을 느껴 식의 계산 단원부터 헤매게 되는 것이다.

괄호가 없는 계산을 괄호가 있는 계산과 잘 연결한 학생들은 문제가 되지 않는다. 하지만 배움이 느린 학생들의 경우 $(+5)+(-7)$과 $5-7$을 연결하지 못한다면, 괄호가 없는 정수의 계산은 괄호가 있는 정수의 계산과는 다른 완전히 새로운 개념이 된다. 이를 계산하기 위해 또 다시 시행착오를 겪으며 많은 연습을 해야 한다. 게다가 위에서 언급한 단원 간의 연계성을 고려한다면 $5-7$과 $-3-4$ 같은 계산을 익히는 데 충분한 시간을 투자해야 하지만, 교과서는 너무나 적은 분량으로 다룬다.

이러한 어려움을 겪는 학생들을 위해 $5-7$, $-3-4$와 같은 식을 직접 계산하는 방법을 먼저 가르쳐야 한다. 그런 뒤 $(+5)+(-7)$, $(-3)-(+4)$와 같이 괄호가 있는 계산을 괄호가 없는 계산을 통하여 해결하게 하자는 것이다. 그러면 적어도 지금보다는 더 많은 학생이 괄호가 없는 정수의 덧셈과 뺄셈을 잘하게 될 것이다. 이후에 배우는 수학에서의 어려움도 더 줄어들 것이다. 이는 $(-7)+(-9)=-7-9$로 계산하는 것이 더 자연스럽기 때문이기도 하다.

	배우는 순서	가장 많이 숙련되는 내용
교과서의 방법	괄호가 있는 정수의 덧셈 → 괄호가 있는 정수의 뺄셈 → 괄호가 없는 정수의 덧셈과 뺄셈	괄호가 있는 정수의 덧셈과 뺄셈
새롭게 제안한 방법	괄호가 없는 정수의 덧셈과 뺄셈 → 괄호가 있는 정수의 덧셈과 뺄셈	괄호가 없는 정수의 덧셈과 뺄셈

이 책에서 새롭게 제안한 방법이 필요한 이유가 또 있다. 교과서에서 정수의 덧셈과 뺄셈 단원은 계산 능력을 기르는 데에 초점이 맞추어져 있다. 이는 정수의 덧셈과 뺄셈이 다른 문제를 해결하기 위한 수단으로서의 역할이 크기 때문이다. 하지만 수학의 차원에서 정수의 덧셈과 뺄셈은 다른 의미에서도 매우 중요하다. 수학을 배우면서 처음으로 수의 영역을 확장하는 단계이기 때문이다. 바로 자연수에서 확장된 수인 정수를 다룬다. 기존에 유지되었던 성질들이 확장한 수 체계에서도 유지가 된다는 사실은 학생들에게 매우 중요한 의미가 된다. 얼마나 논리적이고 자연스러운 일인가? 이를 처음으로 보여줄 수 있는 기회가 바로 정수의 덧셈과 뺄셈 단원인 것이다.

그렇다면 이런 부분을 강조하면서 정수의 덧셈과 뺄셈을 가르치면 어떨까? 앞에서 시소 모델로 다룬 내용의 순서를 생각해보자. 자연수의 범위에서 성립한 성질을 토대로, 수의 범위를 조금씩 확장해나가면서 정수의 덧셈과 뺄셈의 모든 경우를 살펴보았다. 돌이켜보면 괄호가 없는 식의 계산을 먼저 다루고 괄호가 있는 식의 계산을 나중에 다루었다는 점을 알 수 있을 것이다. 괄호가 없는 수인 자연수의 계산에서 괄호가 있는 수인 정수의 계산으로 자연스럽게 확장한 것이다. 계산도 중요하지만, 수를 확장해도 성질이 그대로 유지된다는 사실을 느낄 수 있게 가르치는 방법이 필요하다. 이런 이유 때문에도 괄호가 없는 식을 먼저 배워야 한다고 생각한다.

사실 이 책에서 소개한 새로운 방법들은 수많은 실패가 있었기에 발견할 수 있었다. 실패를 통해 발견한 또 다른 모델을 짧게 소개하려고 한다. 2017년 여름에는 (음수)×(음수) = (양수)가 눈에 밟혔다. 직관적으로 이해할 수 있는 새로운 방법이 없을까 고민했다. 다양한 방법을 적용하고 많은 시도를 해봤지만, 결국 더 좋은 접근 방법을 찾지 못했다. 그러던 중 손가락을 이용하여 정수의 덧셈과 뺄셈을 할 수 있는 방법을 발견하는 예상치 못한 성과를 거뒀다. 이 방법은 엄지와 검지를 사용하기에 '엄지검지 모델'이라 부르기로 했다. 포털 사이트에서 '엄지검지 모델'을 검색하면 '2S진 수학' 블로그에서 그 내용을 확인할 수 있다.

문제 정답

[문제 1]

(1) -4 (2) -6 (3) -7

[문제 2]

(1) -6 (2) -8 (3) -12

[문제 3]

(1) 4 (2) -3 (3) 4

[문제 4]

(1) $+3$ (2) $+2$

CHAPTER 4

연립방정식

다양한 접근은 이해를 넘어 새로움을 만든다

$3x + y = 11$
$3x + y = 11$
$3x + y = 11$
$+) \quad -3y = -9$
$12 \quad = 24$

$\begin{cases} x + 2y = 5 \\ x - y = 2 \end{cases}$

$x - y = x + 2y + ($ $)$

1

가감법과 대입법에서 벗어나보자

　지금까지 다뤘던 것과 같은 다양한 방법과 접근이 학생들에게 어떤 영향을 미칠 수 있을까? 다양한 관점은 수학적인 원리를 정확히 이해하는 데에 도움을 줄 수 있다. 더 나아가 고정된 사고의 틀을 깨주기도 하는데, 이를 통해 창의적인 발견이 이루어지기도 한다.

　다음 질문에 답해보자.

[문제]
나만의 연립방정식 만들기

자신의 생일이 해가 되는 연립방정식을 만들어보시오. (단, 생일의 월이 x, 생일의 일이 y)

답
$$\begin{cases} 3x + y = \\ 3x - 2y = \end{cases}$$

주어진 식에서 자기 생일의 월과 일이 해가 되도록 연립방정식을 완성하면 된다. 예를 들어보자. 내 생일은 3월 17일이므로, 위의 식에 $x = 3, y = 17$을 대입한다.

$3x + y = 3 \times 3 + 17 = 26,$

$3x - 2y = 3 \times 3 - 2 \times 17 = -25$이므로

나만의 연립방정식은 $\begin{cases} 3x + y = 26 \\ 3x - 2y = -25 \end{cases}$

나만의 연립방정식을 만들었다면 한번 풀어보자. 학교에서 배운 가감법이나 대입법으로 풀면 된다. 해가 자기 생일의 월과 일이 나오면 맞게 푼 것이다. 아직 가감법과 대입법을 안 배운 학생들은 배우고 풀어도 늦지 않다. (뒤에 가감법과 대입법의 풀이 방법이 나와 있다.)

마지막으로 다음 질문에 답해보자.

[문제]
- -

나만의 연립방정식을 가감법과 대입법 이외의 다른 방법으로 풀어보시오.

- -

이 질문에 매우 당황할 수 있다. 학교에서 가감법과 대입법만 배웠는데 다른 방법으로 풀어보라고 하니 말이다. 2017년에 내가 가르치는 학생들에게 비슷한 과제를 내준 적이 있다. 실제 수업에서 학생들은 어떤 방법들을 제시했을까? 생각지도 못한 학생들의 방법 덕분에 이 장이 탄생하게 되었다.

4차 산업혁명 시대를 앞두고 창의성을 키우는 것이 더욱 중요해지고 있다. 여기서 한 가지 궁금증이 생긴다. 학생 스스로 새로운 문제 풀이 방법을 찾아낼 수 있을까? 그것도 지금까지 볼 수 없었던 새로운 접근이라면? 만약 새로운 접근 방법을 찾았다면, 찾을 수 있었던 이유는 무엇일까?

그동안 연립일차방정식은 가감법과 대입법으로만 풀었다. 하지만 이번 장을 통해 다른 방법으로도 풀 수 있다는 사실을 깨닫게 될 것이다. 더불어, 다른 방법을 살펴보다 보면 연립방정식의 해를 찾는 수학의 원리를 완벽하게 이해할 수 있을 것이다. 그전에 나만의 연립방정식을 가감법과 대입법 이외의 새로운 방법으로 풀어보는 시도를 꼭 스스로 해보길 바란다.

교과서에 나오는 가감법과 대입법이란?

두 미지수 x, y에 대한 일차방정식 2개를 묶어서 $\begin{cases} x+y=6 \\ 2x+y=10 \end{cases}$과 같이 나타낼 수 있는데, 이를 연립일차방정식이라 하고 간단히 연립방정식이라고도 부른다. $(4, 2)$는 두 식을 동시에 참이 되게 하므로, 이 연립방정식의 해는 $(4, 2)$이다.

학교에서 배우는 연립방정식 풀이 방법은 가감법과 대입법이 있다.

| 가감법 풀이

다음 연립방정식을 가감법으로 풀어라.

$$\begin{cases} 3x - y = 1 & \cdots\cdots ① \\ 2x + y = 9 & \cdots\cdots ② \end{cases}$$

풀이

①, ②에서 y를 소거하기 위하여 변끼리 더한 후

$5x = 10$의 양변을 5로 나누면 $x = 2$

$x = 2$를 ②에 대입하면

$\quad 2 \times 2 + y = 9,\ y = 5$

$$\begin{array}{r} 3x - y = 1 \\ +)\ 2x + y = 9 \\ \hline 5x = 10 \end{array}$$

답 $x = 2,\ y = 5$

| 대입법 풀이

다음 연립방정식을 대입법으로 풀어라.

$$\begin{cases} y = 2x + 5 & \cdots\cdots ① \\ 3x - y = -4 & \cdots\cdots ② \end{cases}$$

풀이

y를 소거하기 위하여 ①을 ②에 대입하면

$\quad 3x - (2x + 5) = -4$

$\quad x - 5 = -4,\ x = 1$

$x = 1$을 ①에 대입하면

$\quad y = 2 \times 1 + 5,\ y = 7$

$y = \boxed{2x + 5}$

↓ 대입

$3x - \boxed{y} = -4$

$3x - \boxed{(2x + 5)} = -4$

답 $x = 1,\ y = 7$

연립방정식의 두 일차방정식을 변끼리 더하거나 빼서 한 미지수를 소거하여 푸는 방법이 가감법이다. 대입법은 연립방정식에서 한 방정식을 다른 방정식에 대입하여 푸는 방법이다. 두 방법은 서로 다르지만, 수학적인 원리는 결국 미지수가 하나인 식을 만드는 것이다.

연립방정식 $\begin{cases} 2x+3y=3 & \cdots\cdots ① \\ 3x+2y=7 & \cdots\cdots ② \end{cases}$ 을 가감법으로 풀어보자. x를 소거하기 위하여 ①의 양변에 3을 곱하고, ②의 양변에 2를 곱한 후 빼면

$$
\begin{array}{r}
6x+9y=9 \quad\cdots\cdots ①\times 3 \\
-\underline{)\ 6x+4y=14 \quad\cdots\cdots ②\times 2} \\
5y=-5
\end{array}
$$

이제 $5y=-5$의 양변을 5로 나눠주면 $y=-1$이고, $y=-1$을 ①에 대입하여 정리하면 $x=3$이다. 따라서 이 연립방정식의 해는 $x=3$, $y=-1$이다. 이것이 가감법을 이용한 일반적인 풀이다.

그런데 x의 계수를 꼭 6으로 맞춰야 할까? ②의 양변에 10을 곱해보자. 그러면 $30x+20y=70$이다. x의 계수가 30이 되었다. x를 소거하기 위해서는 어떻게 해야 할까? ①의 식에서도 x의 계수를 30으로 맞춰주면 된다. ①의 양변에 15를 곱하면 $30x+45y=45$이다. 이제 두 식을 빼면

$$
\begin{array}{r}
30x+45y=45 \\
-\underline{)\ 30x+20y=70} \\
25y=-25
\end{array}
$$

$25y=-25$에서 $y=-1$이고, 또 바로 $x=3$임을 알 수 있다.

이처럼 x를 소거하기 위해 2와 3의 최소공배수인 6으로 계수를 맞출 필요는 없다. 단지 가장 간편한 방법일 뿐, 이 방법만 유일한 것은 아니다. 무조건 계수를 최소공배수로 맞추는 학습보다 그 안에 들어 있는 수학적인 원리를 정확히 이해하는 공부가 더 중요하다.

계수를 다르게 맞추는 것을 다른 방법이라 할 수 있을까? 결국에는 더하거나 빼서 풀기 때문에 이 역시 가감법이다. 위와 같은 풀이를 살펴본 이유는 우리가 가감법으로 문제를 해결할 때 반드시 최소공배수로 계수를 맞춰야 한다고 생각하지는 않는지 돌아보기 위해서였다.

교과서, 문제집, 인터넷에서 가감법에 대한 내용을 살펴보면 모두 최소공배수로 계수를 맞춘다. 위의 풀이처럼 계수를 2와 3의 공배수인 30으로 맞춰도 되는데 말이다. 계수를 최소공배수로 맞추는 것만 옳다고 생각하지는 않았는가? 가장 효율적이고 간편한 방법만 배우다 보니 그 방법만 맞다고 생각할 수 있다. 혹 그렇지 않더라도, 그 방법 말고 다른 방법으로 문제를 해결하기가 힘들 수 있다. 하나의 방법만 익혔기 때문이다. 그러나 수학적인 원리를 정확히 알고 있다면 다른 방법으로도 충분히 해결할 수 있다.

가감법뿐 아니라 대입법에서도 같은 문제점이 발견된다. 다음 문제를 대입법으로 해결해보자.

$$\begin{cases} x-10 = 2y & \cdots\cdots\text{①} \\ 3x+2y = -2 & \cdots\cdots\text{②} \end{cases}$$

이 문제의 풀이는 분명 다음과 같을 것이다.

①을 변형하여 x를 y의 식으로 나타내면

$x = 2y + 10$ ……③

③을 ②에 대입하면 $3(2y+10) + 2y = -2$

$8y = -32$, $y = -4$

$y = -4$을 ③에 대입하면

$x = 2 \times (-4) + 10 = 2$ **답** $x = 2$, $y = -4$

위의 풀이가 대입법을 사용한 일반적인 풀이다. 어디에서나 이렇게 풀었을 것이다. 가감법에서 최소공배수로 계수를 맞추는 것처럼, 대입법에서는 항상 $x = \sim$, $y = \sim$ 형태를 만든다. 위의 풀이에서도 $x = 2y + 10$을 만들었다.

이렇게 연립방정식에서 한 방정식을 다른 방정식에 대입하여 연립방정식을 푸는 방법이 대입법이다. 그러나 여기서 말하는 '한 방정식'이 반드시 $x = \sim$, $y = \sim$ 형태의 식이어야 한다고 정해놓은 것은 아니다. 꼭 $x = \sim$, $y = \sim$ 형태의 식을 만들어서 다른 방정식에 대입할 필요는 없다. 위의 연립방정식을 다시 한번 잘 살펴보자. ①은 $x - 10 = 2y$이고 $2y$는 ②에서도 찾을 수 있다. 그러면 ①을 바로 ②에 대입하여 풀 수 있다.

$$x - 10 = 2y$$

↓ 2y를 바로 대입!!

$$3x + 2y = -2$$
$$3x + (x - 10) = -2$$

$$4x - 10 = -2$$

$$4x = 8 \qquad \therefore \; x = 2$$

물론 이 풀이 역시 대입법일 것이다. 그래도 지금까지 대입법으로는 항상 $x = \sim$, $y = \sim$ 형태의 식을 만들어서 연립방정식을 풀었기 때문에, 위의 방법을 '대입법의 응용'이라고 이름 지어 구분하도록 하자.

기존의 방법들을 응용하여 좀 더 편리하고 새로운 방법들을 생각해 보자. 이제 대입법을 사용할 때는 항상 $x = \sim$, $y = \sim$ 형태의 식으로 만들어야 한다는 고정관념에서 벗어나야 한다.

[문제]

'대입법의 응용'으로 다음 연립방정식을 풀어보자.

(1) $\begin{cases} -4x = y - 6 & \cdots\cdots ① \\ -4x + 3y = 2 & \cdots\cdots ② \end{cases}$ (2) $\begin{cases} 3x - 2y = -8 & \cdots\cdots ① \\ 3x - 5y = 7 & \cdots\cdots ② \end{cases}$

풀이

$-4x = \boxed{y - 6}$

$\downarrow$ $-4x$를 바로 대입!!

$\boxed{-4x} + 3y = 2$

$\boxed{(y - 6)} + 3y = 2$

$4y - 6 = 2$

$4y = 8$

$\qquad\qquad \therefore y = 2$

$3x - 2y = -8$을 변형하면

$3x = \boxed{2y - 8}$

$\downarrow$ $3x$를 바로 대입!!

$\boxed{3x} - 5y = 7$

$\boxed{(2y - 8)} - 5y = 7$

$-3y - 8 = 7$

$-3y = 15 \qquad \therefore y = -5$

기존의 풀이 방법과 비교해보자. 대입법의 응용을 이용하면, 굳이 이항을 하거나 식을 정리하지 않아도 문제 (1)을 풀 수 있다. 문제 (2)는 기존의 대입법보다는 가감법으로 푸는 것이 더 쉽지만, 대입법의 응용을 이용해도 쉽게 해결할 수 있다.

학교에서는 가감법과 대입법을 모두 배우지만, 실제로 학생들이 문제를 해결할 때 주로 사용하는 방법은 가감법이다. 그 이유는 대입법을 쓰기 위해 $x = \sim$, $y = \sim$ 형태로 만들기가 번거로운 연립방정식이 많기 때문이다. 대입법의 응용을 가르친다면 가감법과 대입법이 골고루 사용될 수 있지 않을까? 그렇다면 결국 문제를 맞닥뜨렸을 때 방법을 선택할 권한은 온전히 학생에게 주어질 것이다.

2

연립방정식을 푸는
새로운 방법

연립방정식을 푸는 다양한 방법을 학생들에게 알려주고 싶었다. 이런 고민 끝에, 내가 발견한 방법에 '2S진법'이라는 이름을 붙여 학생들에게 알려주었다. 이 방법은 가감법에서 계수를 똑같이 맞추어주는 방식과 대입법에서 방정식을 대입하는 방식을 골고루 사용한다. 가감법과 대입법에 비해 다소 어려울 수 있으나 새로운 방법으로 연립방정식을 풀 수도 있다는 사실을 깨닫게 해줄 것이다.

다음 문제를 2S진법으로 풀어보자.

$$\begin{cases} x+2y = 5 & \cdots\cdots① \\ x-y = 2 & \cdots\cdots② \end{cases}$$

①의 식을 그대로 대입하는 것이 관건이다. 그러기 위해서는 ②의 식 $x-y=2$에서 $x+2y$가 있어야 한다. 따라서 $x-y=2$를 $x+2y$가 있

는 식으로 변형하자.

$$x - y = x + 2y + (\qquad)$$

$x + 2y$에 무엇을 더하면 $x - y$가 되는지 생각해보자. $2y$에 $-3y$를 더해주면 $-y$가 된다. 따라서 괄호에 들어갈 식은 $-3y$이다. 이를 정리하면

$$x - y = x + 2y - 3y$$

따라서 $x - y = 2$는 $x + 2y - 3y = 2$로 바꿀 수 있다. 이제 ①의 식을 그대로 대입할 수 있다.

$$\begin{cases} x + 2y = 5 & \cdots\cdots ① \\ x - y = 2 & \cdots\cdots ② \end{cases}$$

$x - y = 2$의 식을 $x + 2y - 3y = 2$로 바꾼다.

$$x + 2y = \boxed{5}$$

$\downarrow$ $x + 2y$를 바로 대입!!

$$\boxed{x + 2y} - 3y = 2$$

$$\boxed{5} - 3y = 2$$

$$-3y = -3 \qquad\qquad \therefore y = 1$$

이번에는 반대로 ②의 식을 ①의 식에 그대로 대입해보자. $x + 2y =$

5를 $x-y$가 포함된 식으로 바꾸면 된다. $x+2y = x-y+($ $)$에서 괄호
에 무엇이 들어가면 되는지 생각해보자.

$x+2y = 5$의 식을 $x-y+3y = 5$로 바꾼다.

$$x-y = \boxed{2}$$

↓ $x-y$를 바로 대입!!

$$\boxed{x-y}+3y = 5$$

$$\boxed{2}+3y = 5$$

$$3y = 3 \qquad \qquad \therefore y = 1$$

기존의 대입법과 달리 문자로 이루어진 식을 대입하여 숫자로 바꾼
다. 식 전체를 대입하기 위해 식을 변형해야 하는 까다로움이 있긴 하
다. 하지만 일단 대입하면 식이 매우 간단하게 정리된다.

다음 연립방정식도 2S진법으로 풀어보자.

$$\begin{cases} 2x+3y = 3 & \cdots\cdots \text{①} \\ 3x+2y = 7 & \cdots\cdots \text{②} \end{cases}$$

2S진법으로 이 연립방정식을 풀려면 마치 가감법처럼 소거할 문자
의 계수를 맞춰주어야 한다. x를 소거하기 위하여 ①의 양변에 3을 곱
하고, ②의 양변에 2를 곱한다. (물론 계수를 2와 3의 공배수로 맞춰도 된다.)

$$\begin{cases} 6x+9y = 9 & \cdots\cdots \text{③} \\ 6x+4y = 14 & \cdots\cdots \text{④} \end{cases}$$

③을 대입하여 푸는 방법과 ④를 대입하여 푸는 방법 둘 다 사용해 보자. ③의 식을 그대로 대입하기 위해서 ④를 변형시키고, ④의 식을 그대로 대입하기 위해서 ③을 변형시킨다.

$6x + 4y = 14$의 식을

$6x + 9y - 5y = 14$로 바꾼다.

$6x + 9y = 9$

↓ $6x + 9y$를 바로 대입!!

$6x + 9y - 5y = 14$

$9 - 5y = 14$

$-5y = 5$

$\therefore y = -1$

$6x + 9y = 9$의 식을

$6x + 4y + 5y = 9$로 바꾼다.

$6x + 4y = 14$

↓ $6x + 4y$를 바로 대입!!

$6x + 4y + 5y = 9$

$14 + 5y = 9$

$5y = -5$

$\therefore y = -1$

다음은 학교에서 2S진법을 배운 학생의 솔직한 후기다. 다양한 풀이 법을 알려주었을 때 학생들이 고정된 사고에서 벗어나 얼마나 주체적 으로 새로운 것을 받아들이는지 알 수 있을 것이다. (후기에 나오는 '가법' 은 가감법과 같은 방식이지만, 더하기만 해서 한 미지수를 소거하는 방법이다.)

나의 수학 일기

연립방정식과 관련하여 나의 수학 일기를 써보세요.
5줄 이상 써야하며 연립방정식과 관련없는 내용은 인정하지 않습니다.
나의 수학 일기를 잘 쓴 친구를 뽑아 시상하겠습니다.

이번 판에서 배운 연립방정식은 조금 재밌었으라 귀찮았다. 특히 '가법'과 '2S진
방법'이 그런 느낌이 들게했다. 생각도 못했던 방법으로 문제를 푸는 것을 보니
매우 신기하고 재미있었으리만 내가 직접 풀어보려하니 매우 복잡하고 귀찮았다. 나는
'가법'과 '2S진방법' 보다는 원래 푸는 기본적인 방법이 더 쉬웠다. 하지만 처음보는
사람들은 한번쯤 풀어보는 것을 추천한다. 기본적인 방법보다 더 재밌고 쉽다라는
느낌이 드는 사람도 있을 수 있고, 원래 쓰던 기본방식이 되레 편리하구나 하고 느끼는
사람들도 있을 것이기 때문이다. 나는 이런 '가법'이나 '2S진 방법' 같은 방법들은
사람들이 더 찾아내어 수업시간에 한번 풀어보는 시간을 갖는 것도 사람들이 흥미를 끌어
낼 수 있는 하나의 방법이라고 생각한다. 그래서 나도 방법을 하나 찾아보았다.

$$\begin{cases} 3x + y = 51 \\ 3x - 2y = -66 \end{cases}$$

$$3x + 39 = 51$$
$$3x = 12$$
$$x = 4$$

$$\begin{cases} 3x = 51 - y \\ 3x = -66 + 2y \end{cases}$$

$$51 - y = -66 + 2y$$
$$-3y = -117$$
$$y = 39, \quad x = 4$$

$$\boxed{\begin{array}{l} x=4, \\ y=39 \end{array}}$$ 이렇게 나온다.

- 끝 -

3

학생들의
창의적인 풀이법

열린 수학 과제에서 나오는
다양한 풀이법

2017년에는 수업에서 한 단원이 끝나면 학생들에게 개인 과제를 내주었다. 연립방정식 단원도 마찬가지였다. 개인 과제를 낼 때 주의할 점은 친구 것을 그대로 베낄 수 있다는 것이다. 이러면 과제의 의미가 없어지기 때문에, 각자의 반과 번호를 이용하여 학생 모두가 다른 연립방정식을 만들게 했다.

[문제] -

자신의 반과 번호가 해가 되는 연립방정식을 만드세요.

(단, 자신의 반이 x, 자신의 번호가 y)

답 $\begin{cases} 3x + y = \\ 3x - 2y = \end{cases}$

주어진 식에서 자신의 반과 번호가 해가 되도록 연립방정식을 완성하면 된다. 예를 들어 내가 3반 5번이면 위의 식에 $x = 3, y = 5$를 대입한다.

$3x + y = 3 \times 3 + 5 = 14$, $3x - 2y = 3 \times 3 - 2 \times 5 = -1$이므로 나만의 연립방정식은 $\begin{cases} 3x + y = 14 \\ 3x - 2y = -1 \end{cases}$ 이 되는 것이다. 이렇게 하면 연립방정식을 풀었을 때, 해가 자신의 반과 번호로 나와야 하므로 맞게 풀었는지 확인하기도 쉽다.

이어서 수업에서 배웠던 4가지 방법(가감법, 대입법, 가법, 2S진법)으로 자신의 연립방정식을 풀어보게 했다.

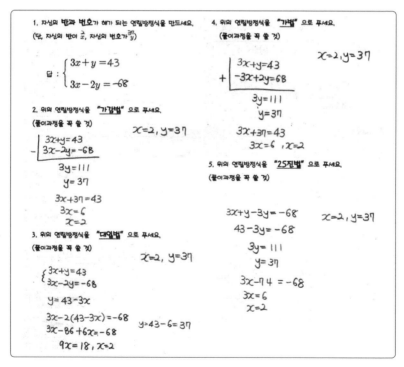

연립방정식 개인 과제 예시

마지막으로 다음과 같이 열린 과제를 제시했다.

위의 연립방정식을 앞의 4가지 풀이법과 다른 방법으로 푸세요.(풀이과정을 꼭 쓸 것)

사실 이 문제는 수업에서 배웠던 내용을 활용할 것이라 예상하고 낸 문제다. 가감법이나 대입법, 아니면 대입법의 응용 정도를 사용해서 풀 것이라 생각했다. 하지만 학생들은 창의적이고 새로운 방법들을 발견해서 나를 놀라게 했다. 사실 연립방정식이라고 하는 주제를 이 책에 꼭 넣고 싶었던 이유도 학생들이 발견한 방법들을 소개하고 싶었기 때문이다. 이번 장의 주인공은 바로 학생들이다.

수업에서 배웠던 내용을 활용한 풀이법을 먼저 살펴보도록 하자.

기존 풀이법(가감법, 대입법)

'앞의 4가지 풀이법'에는 가감법과 대입법이 포함된다. 하지만 가감법과 대입법도 다른 방법으로 풀 수 있다. 가감법에서 x를 소거했다면 이번에는 y를 소거하여 연립방정식을 풀 수 있다. 대입법에서도 $x = \sim$ 로 대입한 것을 $y = \sim$ 형태로 대입한다면 다른 방법이라 볼 수 있다. 내가 예상했던 풀이도 이 방법들을 사용한 것이다.

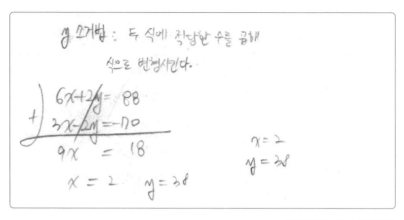

표를 이용한 경우

이 방법은 교과서에 있는 방법이다. 가감법과 대입법을 배우기 전에 연립방정식의 해를 구할 수 있는 단순한 방법이다. 학생들이 이 풀이를 쓸 것이라 예상하지 못했기 때문에 살짝 놀랐다. 많은 학생이 이 내용을 가볍게 생각하기 때문이다. 특히 선행 학습을 통해 가감법과 대입법을 이미 배운 학생들이 그렇다.

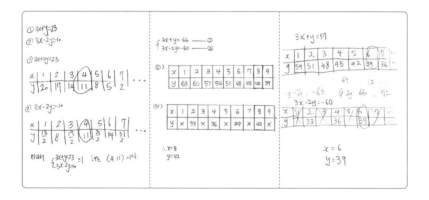

대입법의 응용

수업에서 다뤘던 대입법의 응용을 이용한 풀이 방법이다. $x = \sim$ 또는 $y = \sim$ 형태가 아닌 $3x = \sim$, $-2y = \sim$ 형태로 식을 변형하여 대입했다. 이 풀이법은 학생들이 실제 중간고사 서술형 문제에 풀이 과정으로 쓰기도 한 방법이다. 한 학생은 이 풀이를 사용하면 실수 없이 정확하게 풀 수 있다고 말해주었다. 생각해보니 대입할 때 굳이 괄호를 사용할 필요가 없기 때문에, 괄호를 풀다가 $+$나 $-$를 잘못 표시하는 실수를 하지 않을 것 같다. 학생들의 연립방정식은 각각 $\begin{cases} 3x+y = 61 \\ 3x-2y = -68 \end{cases}$ 과 $\begin{cases} 3x+y = 58 \\ 3x-2y = -35 \end{cases}$ 이다.

$$3x = 61 - y$$
$$61 - y - 2y = -68$$
$$61 - 3y = -68$$
$$-3y = -129$$
$$y = 43$$
$$x = 6$$

$3x$를 대입한 경우

$$3x+y=58, \quad y=58-3x$$
$$-2y=-116+6x$$
$$3x-2y=-35$$
$$3x-116+6x=-35$$
$$9x=81, \quad x=9, \quad y=31$$

$-2y$를 대입한 경우

등치법

같은 식이나 미지수에 대응하는 두 식을 같다고 놓고 푸는 방법이다. 기존 방법을 제외하고 가장 많은 학생이 쓴 풀이법이다. 나도 몰랐는데 등치법이라는 이름을 가진 꽤 유명한 풀이법이다.

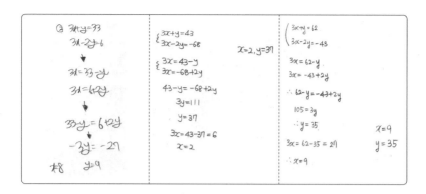

인터넷에서 찾을 수 있는 등치법은 x = ~ 또는 y = ~ 형태로 바꾸어 푼다. 하지만 수업에서 대입법의 응용을 다뤄서인지 대부분의 학생이 $3x$ = ~ 형태를 사용했다.

다음 두 학생은 등치법을 다른 방법으로 적용했다. $2y$ = ~ 형태로 바꾼 학생과 y = ~ 형태로 바꾼 학생이다.

2y = ~ 형태로 바꾼 경우

y = ~ 형태로 바꾼 경우

학생들의 생각에서 나온
창의적인 연립방정식 풀이들

이제 기존에 볼 수 없었던, 학생들이 생각해낸 창의적인 풀이 방법을 살펴보도록 하자. 학생들이 따로 이름을 붙이지 않은 풀이는 풀이법에 어울리게 이름을 지어보았다. 아래에서 소개할 방법 중 '상수항 대입법'을 발견한 학생은 총 4명이다. 나머지 6가지 풀이 방법은 모두 학생 한 명 한 명이 발견한 세상에서 하나뿐인 연립방정식 풀이법이다. 참고로, 소개하는 방법들은 모두 x의 계수가 같은 연립방정식에 대한 풀이법이다. 계수가 안 맞는 경우는 계수를 맞춘 후 풀이법을 사용하면 된다.

식 n개 풀이법

일반적으로 미지수가 2개인 연립일차방정식은 2개의 식으로 이루어져 있다. 미지수가 2개이므로 2개의 식만 있으면 해를 구할 수 있기 때문이다.(미지수가 3개면 3개의 식이 필요하다.) 풀이 과정 중에 세로로 식을 더하거나 뺄 때에도 식 2개만 이용한다. 하지만 이 학생은

$$3x + y = 11$$
$$3x + y = 11$$
$$3x - 2y = -4$$
$$9x = 18$$
$$x = 2 \qquad y = 5$$

세로로 계산할 때 항상 식 2개만 이용했던 일반적인 틀을 깨버렸다. 그래서 놀랐던 풀이다.

이 풀이는 결국 $3x+y=11$의 양변에 2를 곱하여 $6x+2y=22$를 만든 후 $3x-2y=-4$를 더하는 가감법과 같은 풀이라 볼 수 있다. 하지만 여기서 2를 곱하지 않고 $3x+y=11$을 한 번 더 써서 식 3개로 세로 계산을 한다는 아이디어가 아주 신선했다. 식 3개를 이용했으므로 '식 3개 풀이법'이라는 이름이 적절할 것이다. 만약 연립방정식이 $\begin{cases} 3x+y=11 \\ 3x-3y=-9 \end{cases}$ 일 때 이 방법을 이용한다면 다음과 같이 '식 4개 풀이법'이 될 것이다.

$$
\begin{array}{r}
3x+\ y\ =11 \\
3x+\ y\ =11 \\
3x+\ y\ =11 \\
+)\ 3x-3y\ =-9 \\
\hline
12x\quad\ \ =24
\end{array}
$$

숫자 to 식 풀이법

이 방법은 숫자를 식으로 바꾸는 풀이다. 숫자끼리 빼거나 더한 다음 숫자 대신 식을 대입하여 정리한다. 우선 계수의 절댓값을 같게 만든 후 사용해야, 한 문자로 정리가 될 것이다.

$$3x+y=15\ ,\ 3x-2y=-12$$
$$15-(-12)=3x+y-(3x-2y)$$
$$2n=3y$$
$$y=9$$
$$x=2$$

풀이를 보면 가감법을 가로로 계산한 것처럼 보일 수 있다. 하지만 자세히 보면 양변을 각각 뺐다기보다는 $15-(-12)$에서 15에 $3x+y$, -12에 $3x-2y$를 대입한 것이라 볼 수 있다. 다른 풀이는 보통 대입을 한 번만 하는데, 이 풀이는 대입을 두 번 한다는 특징이 있다. 대입을 두 번 하는 발상이 훌륭하다.

상수항 대입법(2S주법)

이 풀이는 학생들이 '상수항 대입법', '2S주법'이라는 이름을 지어주었다. '2S주법'은 '2S진법'처럼 자신의 이름을 따서 지은 이름이다. '상수항 대입법'은 이 풀이의 특징을 잘 나타낸 이름이라 생각한다. 이름처럼 상수항을 같게 만든 다음 대입하는 방법이다. 등치법의 응용으로도 볼 수 있겠다. 총 4명의 학생이 발견한 풀이법이다.

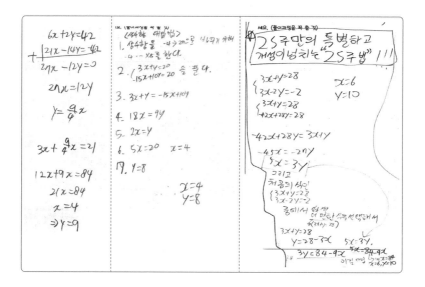

상수항을 대입하여 정리하면 $ax = by$ 꼴의 식이 나오고, 이 식을 원래 식에 대입해줘야 해서 약간 번거롭긴 하다. 하지만 정말 기발한 방법이다. 상수항을 같게 만들 생각을 어떻게 했을까? 가감법에서 x의 계수를 같게 만드는 방법에서 힌트를 얻었을까? 대단한 방법이다.

상수항 일치법(상수항 대입법 2)

상수항 일치법은 상수항 대입법처럼 상수항을 일치시킨 후 등치법을 응용하는 풀이법이다. 상수항 대입법은 양변에 숫자를 곱해서 상수항을 일치시켰다. 이 학생은 양변에 숫자를 더해서 상수항을 일치시키는 방법을 썼다. 상수항을 일치시키는 방법도 이렇게 여러 가지가 있다

는 게 신기하다. 단, x의 계수를 일치시킨 상태에서 이 방법을 사용해야 y만 남게 된다. 이 학생만의 연립방정식은 $\begin{cases} 3x+y = 14 \\ 3x-2y = 8 \end{cases}$ 이다.

1000000000000민주법

'2S진법', '2S주법'처럼 자신의 이름을 가지고 만든 '1000000000000 민주법'이다. 이 풀이는 상수항을 이용한 풀이법의 완결판 같은 느낌을 준다. 모든 항을 좌변으로 넘겨 우변을 0으로 만든다. 좌변으로 다 넘겨

버리면 상수항 대입법과 상수항 일치법처럼 상수항을 맞추는 작업을 하지 않아도 된다. 우변이 0으로 같으므로 등치법을 응용했다고 볼 수 있다. 설명이 아주 깔끔해서 학생의 풀이만 보아도 이해가 잘 될 것이다.

세요, (풀이과정도 꼭 쓸 것)

☆1000000000000(=조)민주법☆
-조건: x의 계수 (y의 계수)가 완전히 같은 경우
$3x+y=67$ ➡ $3x+y-67=0$
$3x-2y=-62$ ➡ $3x-2y+62=0$
↳ $3x+y-67=3x-2y+62$
↳ $3x+y-67=3x-2y+62$
↳ $y-67=-2y+62$
↳ $3y=129$
↳ $y=43$을 대입하여 x를 구하면 $x=8$이다.
∴ $x=8, y=43$

이 학생은 조건이 다른 경우에 1000000000000민주법을 활용하는 방법까지 설명했다. 풀이법도 기발하지만 활용법까지 생각해낸 것이 참 대단하다.

☆조건에 어긋나긴 하지만 x와 y의 계수가 모두 다를 경우에는 조인민주법을 사용하여 연립방정식의 해와 성립하는 또 다른 하나의 식을 얻으므로서 문제를 다 풀고 확인하는 용도로 사용할 수 있다.

ex) $\begin{cases} 2x+3y=-4 \\ x-y=3 \end{cases}$ ➡ $\begin{cases} 2x+3y+4=0 \\ x-y-3=0 \end{cases}$

➡ $2x+3y+4=x-y-3$
$x+4y=-7$ ➡ 또 다른 하나의 식에
연립방정식의 해인 (1,-2)를 대입하면
성립한다.

참고로 계수를 맞추는 작업을 먼저 해주면 1000000000000민주법을 모든 경우에 사용할 수 있다.

모든 계수 일치법

말 그대로 x의 계수와 y의 계수를 모두 일치시키는 방법이다. 일치시키기 위해서는 양변에 적절한 문자들을 더해주면 된다. 학생의 풀이를 보면 x의 계수가 같으니 y의 계수를 맞추기 위해 y들을 적절히 더한 것을 볼 수 있다. 그러면 좌변이 완전히 같아지므로 등치법을 응용하여 풀 수 있다. 이 학생만의 연립방정식은 $\begin{cases} 3x+y = 30 \\ 3x-2y = -6 \end{cases}$ 이다.

$$\begin{cases} 3x+y+y = 30+y \\ 3x-2y+4y = -6+4y \end{cases}$$
$$\begin{cases} 3x+2y = 30+y \\ 3x+2y = -6+4y \end{cases}$$
$$-6+4y = 30+y$$
$$3y = 36$$
$$y = 12$$

이 방법도 정말 창의적이라 생각한다. 더 인상 깊었던 이유는 워낙 조용한 친구인데도 불구하고 과제로라도 자신의 창의적인 생각을 적극적으로 표현했기 때문이다.

비례식 활용법

마지막으로 비례식을 활용한 풀이법이다. 학생의 풀이처럼 식을 변형한 후 비례식을 세워서 문제를 해결한다. 주의할 점은 y가 0이 아니라는 사실을 우선 확인해야 한다는 것이다. 중간에 y로 양변을 나눠야 하기 때문이다.

좀 더 생각해보니 이 풀이는 계수를 맞춰줄 필요가 전혀 없다. 비례식을 이용하기 때문이다. x와 y의 계수가 모두 달라도 똑같은 방법으로 풀면 된다. 이 학생이 이런 점까지 고려해서 생각한 풀이인지 궁금하다. 비례식을 이용한 것도 그렇고, xy라는 식이 중간에 나오는 것도 그렇고, 양변을 y로 나눠서 해결하는 것도 그렇고, 앞의 풀이들과는 전혀 다른 종류의 색다른 풀이다. 계수를 맞춰줄 필요가 없다는 사실이 정말 맘에 들었다. 보면 볼수록 매력적인 풀이다.

$$\begin{cases} y = 76-3x \\ -2y = -40-3x \end{cases}$$
$$4y-2y = 76-3x ; -40-3x$$
$$-12y+6xy = -40y-3xy$$
$$\tfrac{1}{4}(9xy = 72y)$$
$$9x = 72$$
$$x = 8$$
$$y = 76-24 = 32$$
$$\therefore x = 8$$
$$y = 32$$

　지금까지 학생들의 기발하고 창의적인 풀이를 살펴보았다. 연립방정식을 푸는 방법이 이렇게 많을 수 있을지 미처 알지 못했다. 학생은 교사의 생각보다 더 많은 잠재력을 품고 있다는 사실을 깨닫게 된 과제였다. 학생들의 풀이를 소개할 수 있어서 기쁘다.

　더 놀라운 사실은 이 풀이들이 2017년에 약 120명의 학생이 제출한 과제 안에서 나온 풀이들이라는 것이다. 10000명도 아니고 1000명도 아닌 120명의 학생에게서 지금까지 볼 수 없었던 새로운 풀이들이 나온 것이다.

　학생들에게 해준 일이라곤 연립방정식을 푸는 방법이 다양할 수 있다는 사실을 알려준 것뿐이다. 몇 가지 다양한 방법을 통해 학생들은 연립방정식을 푸는 수학의 원리를 정확히 이해할 수 있었다. 그 원리는 미지수가 하나인 식을 만드는 것이다. 학생들은 미지수가 하나인 식을 만들기 위해 다양한 시도를 한 끝에 창의적인 풀이법을 발견할 수 있었다. 새로운 풀이를 찾을 수 있었던 이유는 학생들에게 새로운 풀이를 발견할 수 있는 기회를 제공해주었기 때문이다. 만약 그 기회가 10년 전에 주어졌더라면, 위의 풀이들은 이미 10년 전에 발견되었을지도 모른다. 하지만 지금까지 연립방정식을 푸는 방법을 가감법과 대입법으로만 가르치고 배웠기 때문에, 그 누구도 다른 방법으로 풀어보려 하지 않았다. 수학 교육은 이제 변해야 한다. 학생들이 수학의 논리 위에서 자유롭게 생각할 수 있는 놀이터를 제공해주어야 한다. 수학은 미래 사회에서 가장 필요한 요소 중 하나인 창의성을 기르는 데 아주 효과적인 도구가 될 수 있다. 아마도 학생들은 이 책에 나온 풀이법 외에도 더 새로운 것을 생각해낼 수 있을 것이다.

시간을 내서 나만의 새로운 연립방정식 풀이법을 한번 생각해보았으면 좋겠다.

사각형의 성질을 설명하는 학생들의 창의적인 방법

학생들의 창의적인 생각은 연립방정식의 풀이 외에도 중학교 2학년 때 배우는 사각형의 성질에서도 나타났다. 삼각형과 사각형의 성질을 '수학적으로 설명하기'는 학생들이 어려워하는 내용이다. 학생들이 논리적인 설명 순서를 쉽게 파악할 수 있도록, 여러 그림을 이용하여 수업을 진행했다. 이 과정에서 C원이는 직사각형의 성질을 설명하는 새로운 방법을 발견했다.

직사각형의 두 대각선의 길이가 서로 같음을 설명하기

• 기존 교과서 방법

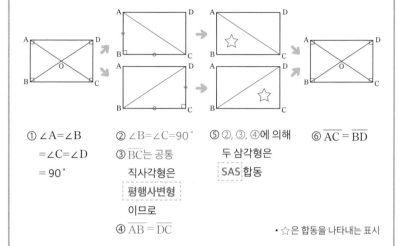

① ∠A=∠B
  =∠C=∠D
  = 90˚

② ∠B=∠C=90˚
③ $\overline{BC}$는 공통
  직사각형은
  평행사변형
  이므로
④ $\overline{AB} = \overline{DC}$

⑤ ②, ③, ④에 의해
  두 삼각형은
  SAS 합동

⑥ $\overline{AC} = \overline{BD}$

• ☆은 합동을 나타내는 표시

• C원's 설명 방법 (2017년)

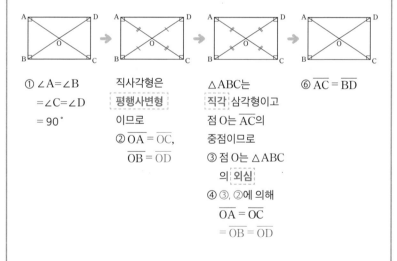

① ∠A=∠B
  =∠C=∠D
  = 90˚

직사각형은
평행사변형
이므로
② $\overline{OA} = \overline{OC}$,
  $\overline{OB} = \overline{OD}$

△ABC는
직각 삼각형이고
점 O는 $\overline{AC}$의
중점이므로
③ 점 O는 △ABC
  의 외심
④ ③, ②에 의해
  $\overline{OA} = \overline{OC}$
  = $\overline{OB} = \overline{OD}$

⑥ $\overline{AC} = \overline{BD}$

C원이는 직각삼각형의 외심이 빗변의 중점에 생긴다는 사실을 이

용하여 직사각형의 두 대각선의 길이가 같다는 것을 설명했다. 이 설명 방법은 학교 선배가 발견한 방법이라는 사실과 함께, 2018년 수업 때 학생들에게 알려주었다. 수업을 들은 몇몇 학생은 자신도 새로운 설명 방법을 찾으려고 시도했다. 마침내 S호와 J민, 두 명의 학생이 마름모의 성질을 창의적으로 설명하는 방법을 발견했다.

마름모의 두 대각선은 서로 수직으로 만남을 설명하기

• 기존 교과서 방법

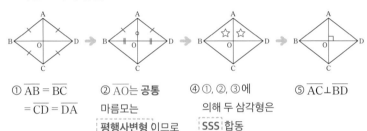

① $\overline{AB} = \overline{BC}$
  $= \overline{CD} = \overline{DA}$

② $\overline{AO}$는 공통
  마름모는
  평행사변형 이므로
  ③ $\overline{BO} = \overline{DO}$

④ ①, ②, ③에
  의해 두 삼각형은
  SSS 합동

⑤ $\overline{AC} \perp \overline{BD}$

• S호's 설명 방법(2018년)

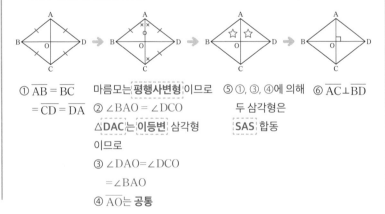

① $\overline{AB} = \overline{BC}$
  $= \overline{CD} = \overline{DA}$

마름모는 평행사변형 이므로
② $\angle BAO = \angle DCO$
  △DAC 는 이등변 삼각형
  이므로
③ $\angle DAO = \angle DCO$
  $= \angle BAO$
④ $\overline{AO}$는 공통

⑤ ①, ③, ④에 의해
  두 삼각형은
  SAS 합동

⑥ $\overline{AC} \perp \overline{BD}$

• J민's 설명 방법(2018년)

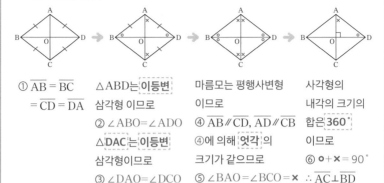

① $\overline{AB} = \overline{BC}$
= $\overline{CD} = \overline{DA}$

△ABD는 **이등변**
삼각형 이므로
② ∠ABO=∠ADO
△**DAC**는 **이등변**
삼각형이므로
③ ∠DAO=∠DCO

마름모는 평행사변형
이므로
④ $\overline{AB} /\!/ \overline{CD}$, $\overline{AD} /\!/ \overline{CB}$
④에 의해 **엇각**의
크기가 같으므로
⑤ ∠BAO=∠BCO= **✕**
∠CBO=∠CDO= **○**

사각형의
내각의 크기의
합은 **360°**
이므로
⑥ **○**+**✕** = 90°
∴ $\overline{AC} \perp \overline{BD}$

두 학생 모두 '이등변삼각형은 밑각의 크기가 같다'는 성질을 이용
했다. 수업 중에 S호가 발견한 방법을 모두에게 보여줬고, S호's 방법
에서 영감을 얻은 J민이 또 다른 새로운 방법을 찾아냈다. 한 수업에서
새로운 방법이 2가지나 나온 것이다. C원이 S호에게, S호가 J민에게
창의적인 방법을 발견할 수 있도록 긍정적인 영향을 준 셈이다.

CHAPTER 5

일차함수

그래프로 이해하면
궁금증이 해결된다

1

일차함수,
이제는 그래프로

4장에서 연립방정식을 푸는 여러 가지 방법을 살펴보았다. 연립방정식의 해를 찾는 방법이 하나 더 있다. 바로 일차함수를 이용하는 것이다.

연립방정식 $\begin{cases} x-y=1 \\ 2x-y=3 \end{cases}$ 을 y의 식으로 정리하면 $\begin{cases} y=x-1 \\ y=2x-3 \end{cases}$ 이다.

일차함수 $y=x-1$, $y=2x-3$의 그래프를

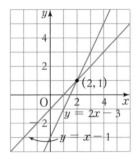

그리면, 오른쪽 그림처럼 (2, 1)에서 만난다. 두 일차함수의 교점인 (2, 1)이 바로 연립방정식의 해가 된다. 이 방법은 연립방정식의 해를 찾는 기하적인 방법으로, 중학교 2학년 때 배운다.

함수는 수학에서 매우 중요한 영역이다. 중학교 2학년 때 일차함수를 배우고, 3학년 때는 이차함수를 배운다. 고등학교로 넘어가면 삼차함수와 사차함수, 그것도 모자라 삼각함수, 지수함수, 로그함수도 배운다. 함수는 모든 학년이 배우는 수학 영역인 것이다. 학년이 올라갈수록 함수의 중요성도 높아진다. 특히 함수를 통해 수학의 꽃이라 할 수 있는 미분과 적분까지 배우게 된다.

함수가 중요한 이유는 함수에 여러 측면이 있기 때문이다. 식으로도 표현할 수 있고, 그래프로도 표현할 수 있다. 다양한 현상을 나타내주기도 한다. 따라서 상황에 맞게 함수의 여러 측면을 활용할 수 있다. 과거에는 수학의 대수와 기하 분야가 따로 발전했다. 이 두 분야를 통합한 것 역시 함수다.

이렇게 함수의 여러 측면을 활용할 수 있음에도 불구하고, 학생들은 함수를 다양하게 다루기 어려워한다. 중학교 2학년 수업에서 학생들에게 일차함수 문제들을 풀어보라고 하면, 많은 학생이 식 $y = ax+b$를 가지고 문제에 접근한다. 식에 비해 그래프의 측면을 충분히 활용하지 못하고 있는 것이다. 그래프를 활용하게 하려면 어떻게 해야 할까?

중학교 2학년 수학에서는 일차함수를 y축의 방향으로 평행이동하는 방법을 배운다. 수학에 호기심이 많은 학생이라면, 한 가지 궁금증이 생길 것이다.

'일차함수를 x축의 방향으로 평행이동하면 어떻게 될까?'

이 물음의 답변을 중학교 2학년 수준에서 설명하기란 쉽지 않은 일이다. 특히 식으로 설명하기는 더 힘들다.

그렇다면 그래프를 이용하면 어떨까? 그래프는 일차함수를 시각적으로 표현하기 때문에 수학을 이해하는 데 큰 도움이 된다. 연립방정식의 해를 '두 직선의 교점'이라는 기하적인 의미로 이해할 수 있게 해준다는 점이 한 예다. 그래프의 관점에서 함수에 접근하면 위의 궁금증도 해결할 수 있다. 그래프도 충분히 활용하게 하면서, 그동안 궁금했던 궁금증까지 해결할 수 있으니, 일석이조다.

그러므로 이번 장에서는 일차함수에서 x축 평행이동을 다뤄볼 예정이다.('x축의 방향으로 평행이동하는 것'이 정확한 표현이지만, 가독성과 간결함을 위해 'x축 평행이동'으로 쓰겠다.) 중학교 2학년부터 함수를 여러 가지 관점에서 바라볼 수 있기를 바랄 뿐이다. 이를 통해 함수에 대한 기초가 튼튼해진다면, 이후 접하게 될 더 복잡한 함수들도 훨씬 수월하게 배울 수 있을 것이다.

그래프로 일차함수 바라보기

x축 평행이동을 다루기 전에 먼저 y축 평행이동을 간단히 살펴보자. y축 평행이동은 중2 수학 교과서의 일차함수 단원에서 배운다. 중1 때 배우는 $y = ax$의 그래프를 사용하면 일차함수 $y = ax+b$를 평행이동 관점에서 이해할 수 있다. 역시 그래프를 이용하여 일차함수를 시각적으로 이해하는 것이다.

> **| 일차함수 $y = ax+b$의 그래프**
>
> 일차함수 $y = ax+b$의 그래프는 일차함수 $y = ax$의 그래프를 y축의 방향으로 b만큼 평행이동한 직선이다.

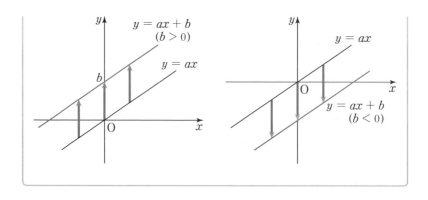

일차함수 $y = ax$의 그래프를 y축의 방향으로 b만큼 평행이동하면 $y = ax + b$가 된다. 예를 들어, $y = \dfrac{1}{2}x$의 그래프를 y축의 방향으로 3만큼 평행이동하면 $y = \dfrac{1}{2}x + 3$이 된다. $y = -3x + 2$의 그래프를 y축의 방향으로 -4만큼 평행이동하면 $y = -3x + 2 - 4$가 되어 $y = -3x - 2$의 그래프가 된다. y축의 방향으로 평행이동한 만큼 우변에 더해주면 된다.

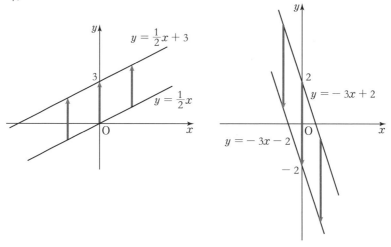

2

그래프로 해결하는
x축 평행이동

x축의 방향으로 평행이동한 일차함수의 식은 어떻게 구할까? y축 평행이동을 배웠으니 x축 평행이동이 궁금한 것은 당연하지만, 중2 수학 교과서는 x축 평행이동을 다루지 않는다. x축 평행이동이 처음 등장하는 곳은 중3 수학 교과서의 이차함수 단원이다.

y축 평행이동에 이어서 바로 x축 평행이동을 다루지 않는 이유는 무엇일까? 중2 수준에서 설명하기가 너무 어렵기 때문이다. 함수는 학생들이 어려워하는 단원 중 하나인데, x축 평행이동을 가르치면 학생들이 함수를 더 싫어하게 될 수도 있다. 이보다 더 걱정되는 점은 고등학교 때 배우는 '도형의 평행이동' 개념과 연결되어 선행 학습을 유발할 수도 있다는 것이다. 인터넷에서 '일차함수의 x축 평행이동'을 검색해보면, 아쉽게도 고등학교 수준의 도형의 평행이동 개념만으로 설명하고 있다. $y = 2x+1$을 x축의 방향으로 3만큼 평행이동하면 x 대신 $x-3$을 넣어 $y =$

$2(x-3)+1$이 된다는 식이다. 중학교 2학년 수준에서 이해하기 힘들기 때문에, 고등학교 수준의 내용을 공식처럼 사용할 가능성이 크다.

이처럼 중학교 2학년 때 일차함수 단원에서 x축 평행이동을 다루는 일은 여러모로 어려울 수 있다. 하지만 x축 평행이동을 수업 시간에서 적절한 방법으로 다룬다면 일차함수를 이해하는 데에 충분히 도움이 될 것이라고 생각한다.

그러면 어떻게 중2 수준에서 x축 평행이동을 다룰 수 있을까? 그 방법은 식이 아니라 그래프의 관점에서 접근하는 것이다. 다음과 같은 문제를 만들어보았다. 한번 풀어보자.

[문제 1]

일차함수의 x절편은 3이고, y절편은 5이다.

이 일차함수를 x축의 방향으로 2만큼 평행이동한 그래프의 x절편을 구하여라.

----

x절편과 y절편의 의미는 다음과 같다.

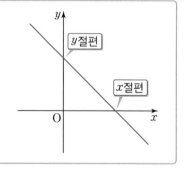

| x절편과 y절편

- x축과 만나는 점의 x좌표를 그 그래프의
  x절편이라고 한다.
- y축과 만나는 점의 y좌표를 그 그래프의
  y절편이라고 한다.

수업에서 많은 학생이 x절편과 y절편을 이용하여 일차함수의 식을 만드는 방식으로 문제를 해결하려 했다. 하지만 이 문제는 식으로 접근하면 풀기 어렵다. 왜냐하면 x축의 방향으로 평행이동한 함수의 식을 어떻게 구해야 하는지 아직 모르기 때문이다. 하지만 그래프를 그리면 간단히 해결할 수 있다. x절편과 y절편을 이용하여 그래프를 그리고 x축으로 2만큼 평행이동한다. 그러면 x절편은 $3+2 = 5$가 된다는 사실을 쉽게 알 수 있다.

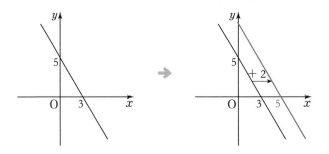

다음과 같은 문제도 생각해보자.

[문제 2]

다음 일차함수 그래프를 x축의 방향으로 3만큼 평행이동한 그래프의 x절편을 구하여라.

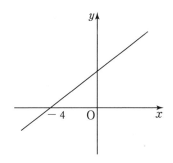

[문제 3]

x절편이 2인 일차함수를 x축의 방향으로 -7만큼 평행이동한 그래프의 x절편을 구하여라.

결국 일차함수의 그래프를 그릴 수 있고 평행이동의 개념만 알고 있으면 간단히 해결할 수 있는 문제다. [문제 3]의 경우 일차함수의 기울기를 모르기 때문에 그래프를 그릴 수 없다. 그러나 x절편이 2인 모든 일차함수는 x축의 방향으로 −7만큼 평행이동하면 똑같은 x절편을 갖게 된다는 사실을 이해하면 해결할 수 있다. 두 문제의 답은 각각 −1과 −5이다.

또 다른 문제도 풀어보자. 우선 교과서에 나오는 일차함수의 그래프의 기울기와 평행에 대한 개념을 살펴본다.

| 일차함수의 그래프의 기울기와 평행

1. 기울기가 같은 두 일차함수의 그래프는 서로 평행하거나 일치한다.

2. 서로 평행한 두 일차함수의 그래프의 기울기는 같다.

---

x축 평행이동과 기울기 개념을 연결한 문제를 만들어보았다. 한번 풀어보자.

[문제 4]

일차함수 $y = ax + b$를 x축의 방향으로 2만큼, y축의 방향으로 3만큼 평행이동했더니 원래의 그래프와 일치하였다. 이 때 a의 값을 구하여라.

이 문제도 식이 아니라 그래프로 접근해서 해결해야 하는 문제다. 그러나 실제로 수업을 해보니 의외로 많은 학생이 식으로만 문제를 해결하려 했다. 아무래도 많은 일차함수 문제가 식만 사용해도 풀 수 있

도록 출제되기 때문인 것 같다. 그래프로 접근해서 풀 수 있는 문제들이 많이 출제돼서 일차함수를 식뿐만 아니라 그래프로도 해석할 수 있는 능력을 길러줘야 하지 않을까?

[문제 4]는 그래프를 그려 직접 x축과 y축의 방향으로 평행이동하면 해결할 수 있다. 우선 $y = ax + b$를 적당히 그린 후 x축의 방향으로 2만큼 평행이동한다.

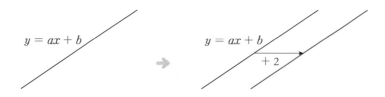

이제 y축의 방향으로 평행이동한다. y축의 방향으로 3만큼 평행이동했더니 원래의 그래프와 일치한다는 조건이 있다. 이를 그래프로 나타내면 다음과 같다.

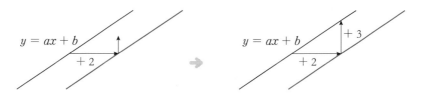

이렇게 그려놓으면 이 일차함수의 기울기를 알 수 있다.

$$(기울기) = \frac{(y의\ 값의\ 증가량)}{(x의\ 값의\ 증가량)} = \frac{+3}{+2} = \frac{3}{2}$$

위의 문제를 살짝 응용하면, 다음과 같은 문제 유형도 만들 수 있다.

일차함수 $y = -3x + b$를 x축의 방향으로 3만큼, y축의 방향으로 b만큼 평행이동했더니 원래의 그래프와 일치하였다. 이 때 x절편을 구하여라.

그래프를 그려 비교해보면, $\dfrac{b}{3} = -3$이다. 따라서 $b = -9$이고 일차함수의 식은 $y = -3x - 9$가 된다. x절편을 구하기 위해 $y = 0$을 대입하면 $x = -3$, 즉 x절편은 -3이다.

[문제 4]와 [문제 5]에서 익힌 개념을 정리하면 다음과 같다.

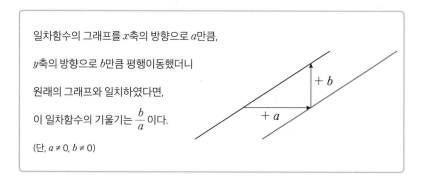

일차함수의 그래프를 x축의 방향으로 a만큼,

y축의 방향으로 b만큼 평행이동했더니

원래의 그래프와 일치하였다면,

이 일차함수의 기울기는 $\dfrac{b}{a}$ 이다.

(단, $a \neq 0$, $b \neq 0$)

이해를 돕기 위해 정리한 것일 뿐, 공식처럼 사용하면 안 된다는 점을 명심하자. 앞서 중학교 2학년 때 x축 평행이동을 다루면 선행 학습을 유발할 수도 있지 않을까 걱정했다. 하지만 위의 문제들을 따라 일차함수의 x축 평행이동을 다룬다면 크게 염려할 필요가 없다. 왜냐하면 그래프를 사용하는 문제 풀이 방법은 고등학교 과정인 도형의 평행이동 개념을 건드리지 않고, 이해하기가 훨씬 수월하기 때문이다. 쉽게 풀 수 있는 방법이 있는데 군이 고등학교 내용을 가져와서 문제를 해결할 필요는 없다.

x축의 방향으로 평행이동한 일차함수와 x절편

위의 문제와 개념들은 실제로 학교 수업에서 학생들과 다룬 내용이다. 지금부터는 아직 해소하지 못한 한 가지 궁금증에 답해보려 한다. x축의 방향으로 평행이동하면 일차함수의 식이 어떻게 바뀔까? 앞서 언급했듯이 고등학교에서 배우는 '도형의 이동' 개념을 이용하면 일차함수의 식을 쉽게 구할 수 있다. 그러나 이제 고등학교가 아닌 중2 수준에서 새로운 방법으로 일차함수의 식을 구해보자.

앞에서 다룬 문제에서 제시한 아이디어를 사용하려고 한다.

[문제 1]

일차함수의 x절편은 3이고, y절편은 5이다.
이 일차함수를 x축의 방향으로 2만큼 평행이동한 그래프의 x절편을 구하여라.

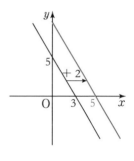

오른쪽 그림에서 원래의 그래프의 x절편은 3이다. x축의 방향으로 2만큼 평행이동했으므로, 그래프에서 볼 수 있듯 x절편도 2만큼 커지게 된다. 따라서 평행이동한 그래프의 x절편은 3+2 = 5이다. 다른 것은 몰라도 x축 평행이동에서 x절편을 구하기는 쉽다.

이를 이용하면 x축의 방향으로 평행이동한 일차함수의 식을 다음과 같이 구할 수 있다.

① 원래의 일차함수의 식에서 x절편을 구한다.

② ①을 이용하여 x축의 방향으로 평행이동한 그래프의 x절편을 구한다.

③ 평행이동하였기 때문에 기울기는 같다. 따라서 ②에서 구한 x절편을 이용해

$y = ax+b$에서 b의 값을 구한다. ($y = ax+b$에서 a는 기울기, b는 y절편이다.)

예를 들어보자. $y = 2x+4$를 x축의 방향으로 3만큼 평행이동해보자.

① 원래의 일차함수의 식에서 x절편을 구한다.

　→ $y = 2x+4$에 $y = 0$을 대입하면 $x = -2$이므로 x절편은 -2.

② ①을 이용하여 x축의 방향으로 평행이동한 그래프의 x절편을 구한다.

　→ x절편이 -2이므로 x축의 방향으로 3만큼 평행이동한 그래프의 x절편은 $-2+3 = 1$.

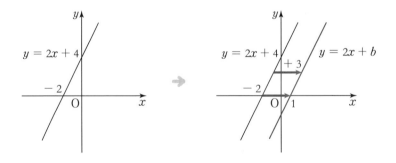

③ 평행이동하였기 때문에 기울기는 같다. 따라서 ②에서 구한 x절편을 이용해 $y = ax+b$에서 b의 값을 구한다.

　→ 기울기가 같으므로 평행이동한 일차함수의 식은 $y = 2x+b$.

x절편이 1이므로 $(1, 0)$을 대입. $0 = 2 \times 1 + b$이므로 $b = -2$.

따라서 $y = 2x+4$를 x축의 방향으로 3만큼 평행이동한 일차함수의 식은 $y = 2x-2$이다.

이번에는 $y = 2x+4$를 x축의 방향으로 -2만큼 평행이동해보자.

① 원래의 일차함수의 식에서 x절편을 구한다.

　→ $y = 2x+4$에 $y = 0$을 대입하면 $x = -2$이므로 x절편은 -2.

② ①을 이용하여 x축의 방향으로 평행이동한 그래프의 x절편을 구한다.

　→ x절편이 -2이므로 x축의 방향으로 -2만큼 평행이동한 그래프의 x절편은 $-2+(-2) = -4$.

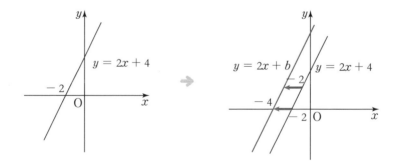

③ 평행이동하였기 때문에 기울기는 같다. 따라서 ②에서 구한 x절편을 이용해 $y = ax+b$에서 b의 값을 구한다.

　→ 기울기가 같으므로 평행이동한 일차함수의 식은 $y = 2x+b$.

　　x절편이 -4이므로 $(-4, 0)$을 대입. $0 = 2 \times (-4) + b$이므로 $b = 8$.

따라서 $y = 2x + 4$를 x축의 방향으로 -2만큼 평행이동한 일차함수의 식은 $y = 2x + 8$이다.

이처럼 x절편을 이용하면 x축의 방향으로 평행이동한 일차함수의 식을 구할 수 있다.

x축의 방향으로 평행이동한 일차함수와 그래프 일치

이번에는 기울기와 그래프 일치를 통해 일차함수의 식을 구해보자. 앞서 풀어봤던 [문제 4]에서 시작한다.

[문제 4]

일차함수 $y = ax + b$를 x축의 방향으로 2만큼, y축의 방향으로 3만큼 평행이동했더니 원래의 그래프와 일치하였다. 이 때 a의 값을 구하여라.

이 문제는 그래프를 사용해 직접 x축과 y축의 방향으로 평행이동하여 두 그래프를 일치하게 그림으로써 기울기 $\dfrac{3}{2}$을 구하는 문제였다. 반대로 기울기가 주어질 때에는 x축과 y축의 방향으로 얼마만큼 이동하면 원래의 그래프와 일치하는지 알 수 있다. 이 개념을 잘 이용하면 x축으로 평행이동한 일차함수의 식을 구할 수 있다.

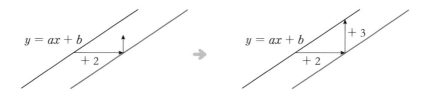

　　$y = 2x-4$를 x축의 방향으로 3만큼 평행이동한 일차함수의 식을 구해보자. 그래프로 나타내면 다음과 같다.

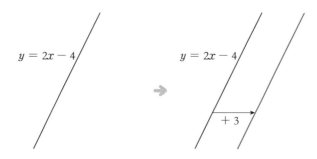

　　x축의 방향으로 3만큼 평행이동한 일차함수가 원래의 그래프와 일치하려면 y축의 방향으로 얼마만큼 평행이동하면 될까? 일차함수의 기울기가 2라는 사실을 이용하자. (x값의 증가량) = 3일 때 (y값의 증가량) = 6이어야, 기울기가 $\dfrac{(y값의\ 증가량)}{(x값의\ 증가량)} = \dfrac{6}{3} = 2$가 된다. 따라서 y축의 방향으로 6만큼 평행이동하면 원래의 그래프와 일치한다.

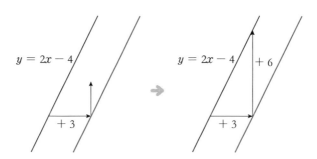

$y = 2x-4$의 그래프가 x축의 방향으로 3만큼 평행이동한 그래프를 $y = 2x+b$라 하자.(평행이동해도 기울기가 같으므로 $2x$는 유지된다.) 이 식으로 위의 내용을 해석해보자. $y = 2x+b$를 y축의 방향으로 $+6$만큼 평행이동시키면 $y = 2x-4$가 된다. 이를 거꾸로 생각하여 $y = 2x-4$가 y축의 방향으로 -6만큼 평행이동하면 $y = 2x+b$가 된다.

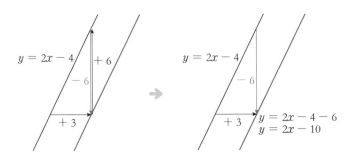

$y = 2x-4$가 y축의 방향으로 -6만큼 평행이동하면 $y = 2x-4-6$. 이를 정리하면 $y = 2x-10$이다. 따라서 $y = 2x-4$의 그래프가 x축의 방향으로 3만큼 평행이동한 그래프는 $y = 2x-10$이다.

이렇게 x축의 방향으로 평행이동하는 상황을 기울기와 그래프의 일치를 통해 y축의 방향으로 평행이동하는 상황으로 바꿔서 문제를 해결할 수 있다.

기울기가 음수인 일차함수가 x축의 방향으로 평행이동하면 어떻게 될까? $y = -\frac{1}{2}x+1$이 x축의 방향으로 2만큼 평행이동한 일차함수의 식을 구해보자. 기울기는 변하지 않으므로, 식은 $y = -\frac{1}{2}x+b$가 될 것이다. 기울기가 $\frac{(y값의\ 증가량)}{(x값의\ 증가량)} = \frac{-1}{2} = -\frac{1}{2}$ 이므로, y축으로 -1만큼 평행이동하면 원래의 그래프와 일치한다.

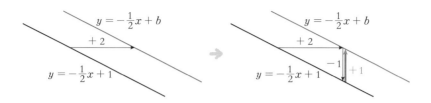

따라서 $y = -\dfrac{1}{2}x + b$는 $y = -\dfrac{1}{2}x + 1$이 y축의 방향으로 $+1$만큼 평행이동한 일차함수이다. 그러므로 우리가 구하려는 일차함수의 식은 $y = -\dfrac{1}{2}x + 1 + 1$, 즉 $y = -\dfrac{1}{2}x + 2$이다.

x축의 방향으로 음수만큼 평행이동하는 경우도 살펴보자. $y = \dfrac{1}{2}x + 3$이 x축의 방향으로 -5만큼 평행이동한 일차함수의 식은 무엇일까? 기울기는 변하지 않으므로, 식이 $y = \dfrac{1}{2}x + b$가 되어야 할 것이다. 기울기의 값인 $\dfrac{(y\text{값의 증가량})}{(x\text{값의 증가량})} = \dfrac{a}{-5} = \dfrac{1}{2}$ 을 만족하는 a값을 구해보자. 양변에 -5를 곱하면, $a = -\dfrac{5}{2}$ 이다. 따라서 y축의 방향으로 $-\dfrac{5}{2}$만큼 평행이동하면 원래의 식과 일치한다.

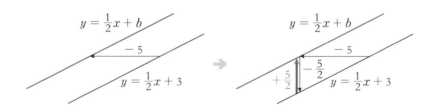

그러므로 $y = \dfrac{1}{2}x + b$는 $y = \dfrac{1}{2}x + 3$을 y축의 방향으로 $+\dfrac{5}{2}$ 만큼 평행이동한 일차함수이다. 결국 우리가 구하려는 일차함수의 식은 $y = \dfrac{1}{2}x + 3 + \dfrac{5}{2}$, 즉 $y = \dfrac{1}{2}x + \dfrac{11}{2}$ 이다.

지금까지 2가지 방법을 사용하여 중2 수준에서 x축의 방향으로 평행이동한 일차함수의 식을 구해보았다. 수업에서 다루기에는 다소 어려울지 모르지만, 중학교 2학년 학생들을 포함한 모두의 궁금증이 해소되었기를 바란다. 그리고 내용을 이해하는 과정에서 일차함수가 더 쉽고 재미있어졌기를 기대한다.

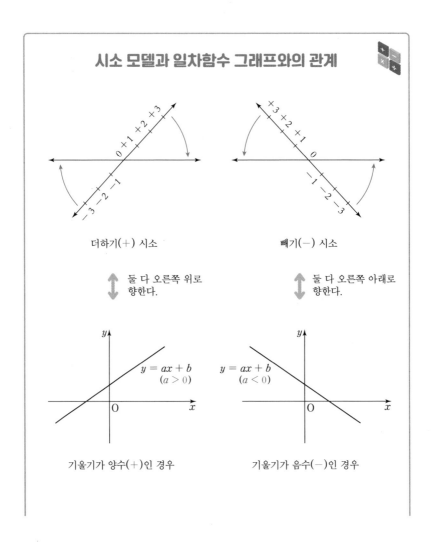

시소 모델의 더하기(＋)시소와 기울기가 양수(＋)인 일차함수는 ＋라는 공통점이 있다. 또한 더하기 시소와 기울기가 양수인 일차함수의 그래프 모두 오른쪽 위로 향한다.

마찬가지로 빼기(－) 시소와 기울기가 음수(－)인 일차함수는 －라는 공통점이 있다. 빼기 시소와 기울기가 음수인 일차함수의 그래프 모두 오른쪽 아래로 향한다.

따라서 일차함수 그래프의 모양을 더하기 시소, 빼기 시소와 연결해서 생각한다면 훨씬 기억하기 쉽다. 예를 들어 $y = 3x+1$의 그래프 모양을 생각해보자. 기울기가 3이므로 양수(＋)다. 더하기(＋) 시소가 오른쪽 위로 향하기 때문에, $y = 3x+1$의 그래프 역시 오른쪽 위로 향한다는 사실을 쉽게 떠올릴 수 있다.

CHAPTER 6

확률

오개념에서 벗어나자

1

확률, 직관에서 벗어나자

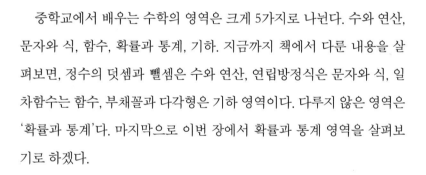

중학교에서 배우는 수학의 영역은 크게 5가지로 나뉜다. 수와 연산, 문자와 식, 함수, 확률과 통계, 기하. 지금까지 책에서 다룬 내용을 살펴보면, 정수의 덧셈과 뺄셈은 수와 연산, 연립방정식은 문자와 식, 일차함수는 함수, 부채꼴과 다각형은 기하 영역이다. 다루지 않은 영역은 '확률과 통계'다. 마지막으로 이번 장에서 확률과 통계 영역을 살펴보기로 하겠다.

	영역	책에서 다룬 내용
중학교 수학	수와 연산	정수의 덧셈과 뺄셈
	문자와 식	연립방정식
	함수	일차함수
	확률과 통계	
	기하	부채꼴, 다각형

4차 산업혁명 시대에는 미래를 예측하는 일이 매우 중요하다. 과거의 지식과 경험을 바탕으로 미래를 예측할 수 있도록 해주는 확률 개념은 그래서 더욱 중요한 개념이다.

우리는 끊임없이 선택을 하며 살아간다. 수학으로 기른 논리적인 사고는 더 좋은 선택을 할 수 있게 도움을 주기도 한다. 때로는 과거의 경험을 바탕으로 확률적 판단을 하고, 이를 통해 선택을 한다. 이러한 선택들이 모여 나의 하루가 되고, 나의 스토리가 된다. 따라서 확률 개념은 단순한 수학 공부를 넘어 인생에서 중요한 역할을 차지할 수 있다.

하지만 학교에서 가르치는 확률엔 아쉬운 점이 많다. 학교에서는 확률의 개념 자체를 배우는 것보다 확률 계산 방법을 학습하는 데에 초점이 맞춰져 있다. 물론 다른 수학 영역들도 마찬가지다. 우리나라 입시제도의 영향으로 빠른 시간 안에 정확한 답을 구해야 하기 때문이다.

하지만 계산 위주로 확률을 배우게 되는 또 다른 이유도 있다. 확률은 다른 수학의 영역에 비해 직관적이지 않기 때문이다. 확률 개념을 정확히 이해하는 일이 결코 쉽지 않으므로 계산적인 부분을 더 다룰 수밖에 없는 것이다.

그동안 우리가 경험으로 터득했던 확률의 직관적인 이해는 오히려 확률을 이해하는 데에 방해가 되기도 한다. 3월부터 6월까지 태어난 학생을 봄에 태어난 학생이라고 하고, 한 중학교에서 봄에 태어난 학생의 수가 전체의 $\frac{1}{4}$ 이라고 가정하자. 이때 학생 4명이 모이면 그중 한 명은 봄에 태어난 학생이라고 흔히 생각하기도 한다. 하지만 10명이 모여도 봄에 태어난 학생이 없을 수 있다. 반면 생일이 같은 학생을 따져보면 재미있는 현상이 나타난다. 32명 중 생일이 같은 학생이 있을 확률은 약 75%이며, 57명 중 생일이 같은 학생이 있을 확률은 약 99%라는 것이다. 1년이 365일임을 고려하면 상당히 놀라운 결과다. 다음과 같은 상황도 살펴보자.

[상황 1]

10명 중 3명에게 경품을 주기 위해 제비뽑기를 하려고 한다. 상자 속 제비 10개 중 당첨 제비가 3개 있을 때, 먼저 뽑는 것이 유리할까, 나중에 뽑는 것이 유리할까?

[상황 2]

로또 번호 1, 2, 3, 4, 5, 6과 3, 10, 17, 22, 33, 41 중 어느 번호를 선택하겠는가?

　[상황 1]에서 자신의 경험에 비추어 먼저 뽑는 것을 선택하기도 하며 나중에 뽑는 것을 선택하기도 한다. 또한 [상황 2]에서는 대개 1, 2, 3, 4, 5, 6보다는 3, 10, 17, 22, 33, 41이 당첨될 확률이 훨씬 높을 것이라 생각한다. 왜냐하면 지금까지 봐왔던 1등 당첨 번호의 패턴이 첫 번째보다 두 번째 숫자의 묶음에 가깝기 때문이다. 하지만 학교에서 확률을 열심히 배웠다면, [상황 1]에서 언제 뽑든지 당첨 확률은 $\frac{3}{10}$으로 동일하다는 사실을 알 수 있다. 또한 두 로또 번호의 1등 당첨 확률이 같다는 사실도 알 수 있다.(그 이유는 263쪽에 설명해두었다.)

　이렇듯 확률에서는 직관에서 비롯되는 오개념들이 많이 나타난다. 대부분의 오개념은 확률을 배우면서 해소할 수 있고, 학생들은 오개념을 해결하는 과정에서 자신의 확률적 사고를 발달시킬 수 있다. 하지만 수학에서 볼 수 있는 가장 큰 오개념이 확률 속에 깊숙이 숨겨져 있다. 학교에서는 이 오개념을 아예 다루지 않음으로써, 학생들이 겪을 수 있는 혼란을 애초에 차단한다. 오개념에서 벗어날 기회를 주지 않고 있는 것이다.

이번 장에서는 그동안 숨겨져 왔던 오개념을 다루어보려고 한다. 책의 마지막 장인 만큼 꽤 난이도가 있다. 쉽지 않겠지만, 해결하는 과정에서 확률 개념을 정확히 이해하게 될 것이다. 개념 자체가 완전히 새롭기 때문에 이해할 수 있는 데까지만 이해해도 괜찮다.

단순히 문제를 맞히기 위해서가 아니라 더 나은 선택을 하기 위해서 확률의 개념을 좀 더 명확히 이해하면 좋겠다.

2

99% 오답 문제,
오개념에서 벗어나기

99%가 틀리는
문제

확률은 초등학교 5학년 때 '가능성'이라는 단어로 처음 배우고, 중학교 2학년을 거쳐 고등학교에서도 배운다. 하지만 초등학교부터 고등학교까지 확률을 열심히 배워도 틀리는 문제가 있다. 실제로 중학교 영재 수업에서 이 문제를 다루면 20명 중 1~2명 정도가 정답을 맞히고 나머지는 모두 오답을 쓴다. 인터넷에서 '90%가 틀리는 문제', '95%가 틀리는 문제' 등을 많이 보는데, 이 문제는 '99%가 틀리는 문제'라 볼 수 있다.

이 문제를 다루기에 앞서 중학교에서 배우는 확률의 뜻을 살펴보자.

| 확률의 뜻 |

어떤 실험이나 관찰에서 각각의 경우가 일어날 가능성이 같다고 할 때, 일어날 수 있는

모든 경우의 수를 n, 어떤 사건 A가 일어날 경우의 수를 a라고 하면 사건 A가 일어날

확률 p는

$$p = \frac{(\text{사건 } A \text{가 일어날 경우의 수})}{(\text{모든 경우의 수})} = \frac{a}{n}$$

한 개의 주사위를 던질 때 홀수의 눈이 나올 확률을 구해보자. 나올 수 있는 모든 눈의 수는 1, 2, 3, 4, 5, 6이므로 총 6가지다. 나오는 눈이 홀수인 경우는 1, 3, 5이므로 총 3가지다. 따라서 홀수의 눈이 나올 확률은 $\frac{3}{6}$ 이다. 또한 6의 약수의 눈이 나오는 경우는 1, 2, 3, 6이므로, 6의 약수의 눈이 나올 확률은 $\frac{4}{6}$ 이다.

다음 문제도 한번 풀어보자. 여기서 최단거리로 간다는 말은 가장 짧은 거리를 이용하여 A에서 C까지 간다는 의미다. 왼쪽이나 위로 간다면 최단거리로 가지 않고 되돌아가는 것이다. 따라서 오른쪽이나 아래로만 가야 한다. 스스로 문제를 해결하여 답을 구한 후 풀이를 보도록 하자.

[문제] --

다음과 같은 길을 따라 A에서 C까지 최단거리로 가려고 할 때, B를 지날 확률을 구해보자. (단, 갈림길에서 각각의 방향을 선택할 확률은 동일하다.)

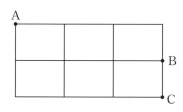

A에서 C까지 가는 경우의 수를 하나하나 직접 세어볼 수도 있지만, 다음 방법을 사용하면 빠짐없이 쉽게 헤아릴 수 있다.

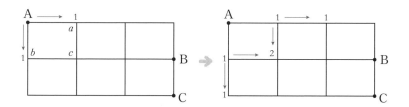

A에서 a와 b까지 가는 경우의 수는 각각 1가지이므로 a와 b에 1을 쓴다. A에서 c로 가려면 a와 b 중 하나를 반드시 지나야 한다. 따라서 c 까지 가는 경우의 수는 a까지 가는 경우의 수와 b까지 가는 경우의 수 를 더한 것이다. 즉, $1 + 1 = 2$이다.

마찬가지로 나머지 경우의 수도 왼쪽과 위의 숫자를 더해주면 된다.

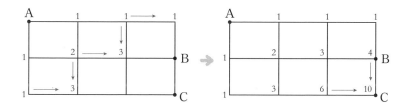

전체 경우의 수가 10가지이고, B를 지나는 경우의 수를 직접 세어보면 4가지다. 따라서 B를 지날 확률은 $\frac{4}{10}$ 이다.

이제 '99%가 틀리는 문제'를 풀어볼까? 하지만 아쉽게도 풀 문제가 없다. 왜냐하면 앞에서 푼 문제가 바로 99%가 틀리는 문제이기 때문이다. 만약 B를 지날 확률을 $\frac{4}{10}$ 로 구했다면 당신은 99%에 해당한다. $\frac{4}{10}$ 는 답이 아니기 때문이다. 당연히 $\frac{4}{10}$ 라고 생각했는데 답이 아니라니!! 이러니까 99%가 틀리는 문제인 것이다.

왜 $\frac{4}{10}$ 가 답이 아닐까? 다음 문제에서 구해야 하는 확률이 얼마인지 생각해보자.

[문제] ---

오른쪽 그림과 같이 숫자 1, 2, 3이 쓰여 있는 원판이 있다. 이 원판을 회전시킨 후 원판에 화살을 쏠 때, 화살이 3에 맞을 확률을 구하여라. (단, 화살은 항상 과녁에 맞으며 경계선에 맞는 경우는 생각하지 않는다.)

숫자 1, 2, 3에 화살이 맞을 수 있고, 그중 3에 맞을 경우의 수는 1가지이므로 $\frac{1}{3}$ 이라고 생각할 수 있다. 하지만 3이 있는 부분의 넓이는 전체의 절반이므로 3에 맞을 확률은 $\frac{1}{2}$ 이 맞다. 확률의 뜻을 다시 한번 살펴보자.

어떤 실험이나 관찰에서 각각의 경우가 일어날 가능성이 같다(동일한 가능성)고 할 때,

일어날 수 있는 모든 경우의 수를 n, 어떤 사건 A가 일어날 경우의 수를 a라고 하면 사

건 A가 일어날 확률 p는

$$p = \frac{\text{(사건 } A \text{가 일어날 경우의 수)}}{\text{(모든 경우의 수)}} = \frac{a}{n}$$

위와 같이 확률의 뜻으로 확률값을 구하기 위해서는 전제조건이 필요하다. '각각의 경우가 일어날 가능성이 같다'라는 동일한 가능성이 전제되어야 한다. 위의 화살 문제에서 화살이 1, 2, 3에 맞을 확률은 각각 $\frac{1}{4}$, $\frac{1}{4}$, $\frac{1}{2}$이다. 3가지 사건이 일어날 가능성이 동일하지 않기 때문에 $\frac{\text{(3에 화살이 맞을 경우의 수)}}{\text{(모든 경우의 수)}} = \frac{1}{3}$은 답이 아닌 것이다.

최단거리 확률 문제도 다시 살펴보자. 두 가지 서로 다른 길에 대한 확률값을 구해보자.

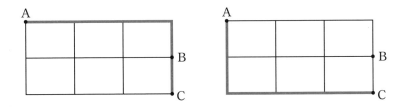

왼쪽 길의 확률값은 얼마일까? 갈림길에서 각각의 방향을 선택할 확률은 동일하다. 따라서 갈림길이 2개일 때 하나의 길을 선택할 확률은 $\frac{1}{2}$이다.

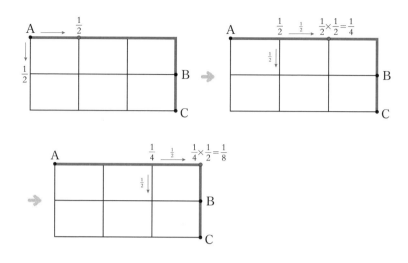

갈림길이 1개일 경우는 무조건 그 길을 선택해야 하므로, 확률이 $\frac{1}{1}$ 이다.

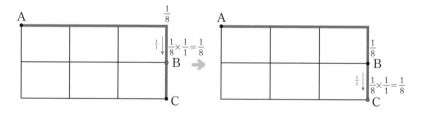

따라서 왼쪽 길의 확률값은 $\frac{1}{8}$ 이다. 마찬가지로 오른쪽 길의 확률값을 구해보면 다음과 같이 $\frac{1}{4}$ 임을 알 수 있다.

직관적으로 이해해보자. 왼쪽 길은 두 길 중 하나를 선택하는 갈림길을 3번 지나고 오른쪽 길은 그런 갈림길을 2번 지났기 때문에 서로 확률이 다를 수밖에 없다. 이 두 가지 길만 보아도 '각각의 경우가 일어날 가능성이 같다'는 조건을 만족하지 않는다. 그래서 $\frac{4}{10}$ 는 틀린 답이 되는 것이다.

많은 사람이 이런 오개념을 가지고 있기 때문인지 실제로 고등학교 과정에서도 최단거리의 '확률' 문제는 출제되지 않는다. 위의 문제가 익숙했다면 최단거리의 '경우의 수' 문제를 많이 보았기 때문일 것이다.

그러면 B를 지날 확률은 어떻게 구할 수 있을까? 중학교 2학년 때 배우는 확률 단원에서 확률값을 구하는 방법은 2가지다. 하나는 확률의 뜻으로 구하는 방법이고, 다른 하나는 확률의 계산, 즉 확률의 합과 곱을 이용하여 구하는 방법이다. 여기서 '확률의 뜻으로 구한다'는 말은, 모든 경우의 수와 어떤 사건 A가 일어날 경우의 수를 헤아려서 사건 A가 일어날 확률을 구하는 것을 의미한다.

두 개의 주사위 X, Y를 동시에 던질 때, 나오는 눈의 수의 곱이 홀수일 확률을 구하여라.

확률의 뜻으로 구하는 방법	확률의 계산으로 구하는 방법
두 개의 주사위를 동시에 던질 때, 나오는 모든 경우의 수는 6 × 6 = 36가지. 이 중에서 눈의 수의 곱이 홀수인 경우는 (1, 1), (1, 3), (1, 5), (3, 1), (3, 3), (3, 5), (5, 1), (5, 3), (5, 5)로 총 9가지다. 따라서 구하는 확률은 $\frac{9}{36}$ 이다.	나오는 눈의 수의 곱이 홀수가 되려면, 주사위 X, Y 모두 홀수의 눈이 나와야 한다. 주사위 X에서 홀수의 눈이 나올 확률은 $\frac{3}{6}$, 주사위 Y에서 홀수의 눈이 나올 확률은 $\frac{3}{6}$. 따라서 구하는 확률은 $\frac{3}{6} \times \frac{3}{6} = \frac{9}{36}$이다.

보통은 2가지 방법 모두로 확률값을 구할 수 있다. 하지만 우선 확률

의 계산을 통해 B를 지날 확률을 구해보자. B를 지나는 경우의 수는 다음과 같이 총 4가지다. B를 지나는 모든 길의 확률값을 확률의 곱을 이용하여 구한 후, 각각의 확률값을 모두 더하면 된다.

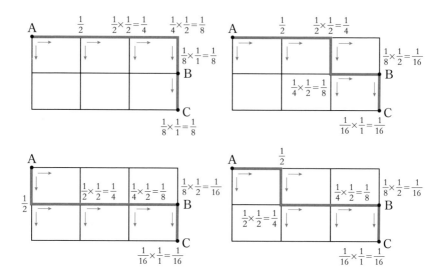

따라서 B를 지날 확률은 $\frac{1}{8} + \frac{1}{16} + \frac{1}{16} + \frac{1}{16} = \frac{5}{16}$ 이다. 중학교 수준에서는 여기까지만 이해해도 충분하다. 확률의 계산으로 $\frac{5}{16}$ 를 구해야 한다는 사실을 알았다면, 오개념에서 벗어났다고 볼 수 있다.

앞으로 다룰 내용은 지금까지 볼 수 없었던 새로운 개념들에 대한 것이다. 따라서 이해하면서 머릿속이 많이 혼란할 수 있다. 충분한 시간을 들여서 이해하기를 바란다.

확률의 뜻으로
해결하기

2014년 1학기부터 수학 쌤들(양진아 쌤, 어이랑 쌤, 황세란 쌤, 황재우 쌤) 과 수학 연구모임을 갖기 시작했다. 2주에 한 번씩 모여 수업에 대한 아이디어를 공유하며 서로 많은 도움을 주었다. 모임의 이름은 나중에 야 정해졌다. 바로 '달빛 속 수학 연구팀'. 영화 〈반지의 제왕〉의 한 장 면을 보면, 반지원정대 앞에 난쟁이의 문이 등장한다. 이 문을 열기 위 해서는 특정 주문을 알아야 한다. 문에 달빛이 비치면서 주문이 답인 수수께끼가 나타난다. 이와 유사하게 '달빛 속에 숨겨져 있는 수학의 비밀들을 발견하자'는 의미로 이름을 붙였다.

같은 해 9월에 2학년 확률 단원에 대한 수업 연구를 진행했고, 그 중 심에는 '최단거리 문제' 그리고 또 다른 확률 문제인 '파스칼과 드 메레 의 편지'가 있었다. 앞서 살펴보았듯 우리는 최단거리 문제의 오개념을 찾았고, 이 문제를 해결하는 방법은 확률의 합과 곱으로 계산하는 것이 라는 데까지 도달했다. 이때 최단거리 문제와 파스칼과 드 메레의 편지 문제의 연구를 제안한 황세란 쌤이 아주 중요한 질문을 던졌다.

> **"그럼 확률의 뜻으로는 어떻게 구해야 할까?"**

그 당시 나는 '이 문제는 확률의 뜻으로 해결이 안 되니 확률의 계산 으로 해결하면 되겠구나'라고 생각하고 있었다. 학생들에게도 이런 문 제는 확률의 계산으로 해결해야 한다고 설명하려 했다. 최단거리의 확률 문제는 나오지 않지만, 파스칼과 드 메레의 편지는 교과서나 수업에서 많이 다루는 문제이기 때문이다.

황세란 쌤의 질문은 우리 모두에게 하나의 의문을 안겨주었다. 확률의 뜻은 말 그대로 확률의 가장 기본이 되는 개념인데 확률의 뜻으로 문제를 해결할 수 없다는 것이 말이 될까? 확률의 계산에 비해 아주 번거롭고 귀찮아도 확률의 뜻으로 문제를 해결할 수는 있어야 하지 않을까? 우리는 결국 해법을 찾았고, 그 시작은 '파스칼과 드 메레의 편지'였다.

파스칼과 드 메레의 편지 문제는 확률 이론의 역사 이야기에서 언급되는 문제다. 어느 날, 수학자 파스칼은 평소 도박을 좋아하는 친구 드 메레에게 편지 한 통을 받는다.

친애하는 파스칼!

나는 다음과 같은 어려운 문제와 마주쳤네. 실력이 비슷한 갑과 을이 32피스톨(화폐 단위)씩 걸고 내기를 벌였어. 한 번 이기면 1점을 얻고, 먼저 3점을 얻는 사람이 64피스톨을 모두 가져가는 내기였지. 그런데 갑이 2점, 을이 1점을 딴 상황에서 한 사람이 몸이 좋지 않아 시합을 중단해야 했다네. 내기를 무효로 하자니 점수가 더 많은 갑이 억울해 하고, 갑이 이긴 걸로 하자니 앞일은 모르는 일이라며 을이 억울해했지. 도대체 64피스톨을 어떻게 나누면 좋겠나? 파스칼 자네라면 충분히 풀 수 있겠지.

드 메레

파스칼은 친구를 위해 수학자 페르마와 머리를 맞댄다. 이 문제를 해결하는 과정에서 확률 이론이 시작되었다.

갑이 2 : 1로 이기고 있는 상황에서 게임이 진행되었다고 가정하면, 이후 사건은 다음과 같이 3가지 경우로 일어날 수 있다.

	4번째 시합	5번째 시합	확률	최종 승자
이긴 사람	갑	X	$\frac{1}{2}$	갑
	을	갑	$\frac{1}{2} \times \frac{1}{2} = \frac{1}{4}$	갑
		을	$\frac{1}{2} \times \frac{1}{2} = \frac{1}{4}$	을

총 3가지 경우에서 갑이 이길 경우가 2가지이므로, 확률의 뜻을 떠올려 갑과 을이 이길 확률을 각각 $\frac{2}{3}$, $\frac{1}{3}$ 이라고 생각할 수 있다. 하지만 이 문제 역시 이런 방식으로는 해결할 수 없다. 각각의 경우가 일어날 가능성이 $\frac{1}{2}$, $\frac{1}{4}$, $\frac{1}{4}$ 로 같지 않기 때문이다. 4번째 시합에서 갑이 이기면 게임은 끝나며, 이 경우 확률값은 $\frac{1}{2}$ 이다. 4번째 시합에서 을이 이겼을 때에는 5번째 시합이 진행되며, 두 경우의 확률값은 모두 $\frac{1}{2} \times \frac{1}{2} = \frac{1}{4}$ 이다. 확률의 뜻으로는 해결하기 힘들지만, 확률의 합과 곱을 이용하면 갑과 을이 이길 확률을 구할 수 있다.

(갑이 이길 확률)

= (4번째 시합에서 이길 확률) + (4번째 시합에서 지고 5번째 시합에서 이길 확률)

$= \frac{1}{2} + \frac{1}{2} \times \frac{1}{2} = \frac{3}{4}$

(을이 이길 확률)

= (4번째 시합에서 이기고 5번째 시합에서도 이길 확률)

$= \dfrac{1}{2} \times \dfrac{1}{2} = \dfrac{1}{4}$

따라서 갑과 을이 가질 피스톨은 $64 \times \dfrac{3}{4} = 48, 64 \times \dfrac{1}{4} = 16$이다.

그럼 확률의 뜻으로 문제를 해결하기 위해서는 어떻게 해야 할까? 동일한 가능성이라는 전제조건을 만족하지 않는다면, 각각의 경우가 일어날 가능성을 같게 만들어주면 되지 않을까? 확률의 뜻을 다시 한 번 생각하며 문제를 어떻게 풀지 고민해보자.

| **확률의 뜻** |

어떤 실험이나 관찰에서 각각의 경우가 일어날 가능성이 같다(동일한 가능성)고 할 때, 일어날 수 있는 모든 경우의 수를 n, 어떤 사건 A가 일어날 경우의 수를 a라고 하면 사건 A가 일어날 확률 p는

$$p = \frac{(\text{사건 } A\text{가 일어날 경우의 수})}{(\text{모든 경우의 수})} = \frac{a}{n}$$

이제 해법을 알아볼 시간이다. 4번째 시합에서 갑이 이긴다면 경기가 끝난다. 최종 승자는 갑이 확실하니 굳이 5번째 시합을 할 필요가 없다. 하지만 갑이 이긴다고 해도 5번째 시합을 하도록 상황을 바꿔보자. 그러면 다음 표처럼 총 4가지의 경우가 나오며 각각의 가능성이 $\dfrac{1}{4}$로 같아진다.

	4번째 시합	5번째 시합	확률	최종 승자
이긴 사람	갑	갑	$\frac{1}{2} \times \frac{1}{2} = \frac{1}{4}$	갑
	갑	을	$\frac{1}{2} \times \frac{1}{2} = \frac{1}{4}$	갑
	을	갑	$\frac{1}{2} \times \frac{1}{2} = \frac{1}{4}$	갑
	을	을	$\frac{1}{2} \times \frac{1}{2} = \frac{1}{4}$	을

각각의 경우가 일어날 가능성이 모두 같기 때문에 이제 확률의 뜻으로 확률값을 구할 수 있다. 갑이 이길 경우 3가지, 을이 이길 경우 1가지. 따라서 갑이 최종적으로 이길 확률은 $\frac{3}{4}$이다. 확률의 계산으로 구한 값과 일치한다.

가능성을 모두 동일하게 만드는 핵심적인 아이디어는 무엇일까? 4번째 시합에서 갑이 이기면 실제로는 5번째 시합을 하지 않지만 시합을 하도록 상황을 바꿔주었다. 나머지 두 가지 경우와 동일한 상황과 동일한 조건을 만들어주기 위해서였다. 다시 한번 생각해보자. 동일한 가능성은 어디서 오는 것일까? 바로 동일한 상황과 동일한 조건이다. 이것이 핵심적인 아이디어다.

동일한 상황, 동일한 조건 ➜ 동일한 가능성

동일한 상황과 동일한 조건에서 각각의 경우가 일어날 가능성은 같을 수밖에 없다. 따라서 확률의 뜻으로 문제를 해결하기 위해서는 상황과 조건을 똑같이 맞춰주는 작업을 해야 한다. 위의 문제에서 실제로는 일어나지 않는 5번째 시합을 진행한 것처럼.

화살을 쏜 원판 문제를 기억할지 모르겠다. 화살이 3에 맞을 확률은 $\frac{1}{2}$이었다. $\frac{1}{3}$이 아닌 이유는 1, 2, 3이 쓰여 있는 부분의 넓이가 서로 다르기 때문이다. 동일한 상황과 동일한 조건이 성립하지 않는 것이다. 상황과 조건을 똑같이 맞춰주자. 1, 2와 똑같은 넓이로 3을 둘로 나눌 수 있다. 이제 모든 사건이 일어날 가능성이 같아졌으므로, 확률의 뜻으로 확률을 구해보면 $\frac{2}{4} = \frac{1}{2}$이다.

이 내용은 1장에서 살펴봤던 부채꼴의 넓이를 구하는 방법과 연결된다. 위의 상황은 반원의 넓이를 구하기 위해 중심각의 크기가 90°인 부채꼴을 이용한 것과 같다. 즉, 기본이 되는 부채꼴을 한 종류만 이용하는 상황은 동일한 가능성을 만들어주는 상황과 같은 맥락에 있다.

$$\begin{aligned} (\text{반원의 넓이}) &= (\text{중심각의 크기가 90°인 부채꼴의 넓이}) \times 2(\text{개}) \\ &= \left\{ (\text{원의 넓이}) \times \frac{1}{4} \right\} \times 2(\text{개}) = (\text{원의 넓이}) \times \frac{2}{4} \\ &= (\text{원의 넓이}) \times \frac{1}{2} \end{aligned}$$

확률의 뜻으로
최단거리 확률 문제 해결하기

확률의 뜻으로 문제를 해결하기 위해서는 동일한 가능성이라는 전제조건을 만족해야 한다. 동일한 가능성은 동일한 상황과 동일한 조건에서 온다. 따라서 해법은 동일한 상황과 동일한 조건을 만들어주는 것이다. 이를 최단거리 확률 문제에 적용해보자. 우선 가장 간단한 최단거리 문제부터 살펴보자.

[문제]

다음과 같은 길을 따라 A에서 B까지 최단거리로 가려고 할 때, C를 지날 확률을 구해보자. (단, 갈림길에서 각각의 방향을 선택할 확률은 동일하다.)

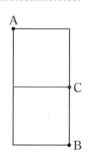

확률의 뜻으로 해결할 수 있는지 확인해보자. A에서 B까지 최단거리로 갈 수 있는 경우는 총 3가지다. 3가지 경우 모두 확률값을 구해보자.

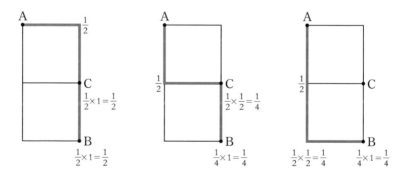

왼쪽부터 확률값은 $\frac{1}{2}$, $\frac{1}{4}$, $\frac{1}{4}$이다. 가능성이 똑같지 않기 때문에 이대로는 확률의 뜻으로 해결할 수 없다. 따라서 $\frac{2}{3}$는 절대 답이 될 수 없다. 첫 번째 길과 두 번째 길이 C를 지나므로, C를 지날 확률은 $\frac{1}{2}$ $+\frac{1}{4}=\frac{3}{4}$이다.

이제 확률의 뜻으로 문제를 해결하기 위해 동일한 상황과 동일한 조건을 만들어주는 작업을 해보자. 힌트! 지금 길 모형은 동일한 가능성 조건을 만족하지 않는다. 따라서 길 모형을 바꿔주어야 한다. 모든 경우의 가능성이 똑같아지도록 말이다. 충분히 고민하고 해법을 보기 바란다.

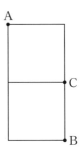

문제가 매우 어려우니 힌트 하나 더! 길 모형에 다음과 같은 내용을 추가하면 문제 해결에 도움이 된다.

1) 대각선으로 점선을 그리고 각각 4번째 시합, 5번째 시합이라 표시한다.

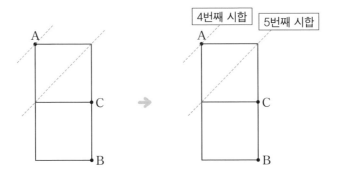

2) 가는 길에 각각 다음과 같은 의미를 부여한다.

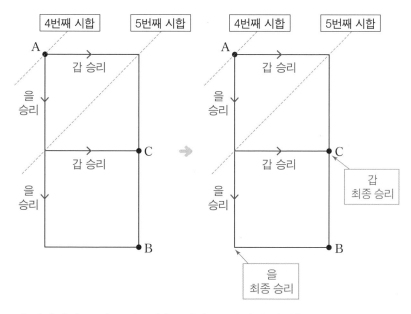

이 최단거리 문제는 결국 '파스칼과 드 메레의 편지' 확률 문제와 같다. 점 C를 지날 확률은 갑이 최종 승리하는 확률이 되는 것이다. 이제 파스칼과 드 메레의 편지 문제에서 동일한 가능성 조건을 만들기 위해 무엇을 했는지 생각하면 해법이 보일 것이다.

생각한 방법과 해법을 맞춰볼 시간이다. 파스칼과 드 메레의 편지에서는 동일한 상황과 동일한 조건을 만들기 위해 실제로는 일어나지 않은 5번째 시합을 시행했다. 이 5번째 시합에 해당하는 곳이 다음 그림의 파란색 점 부분이다. 따라서 다음과 같이 파란색 점에 길을 하나 추가한다. 왜냐하면 갑이 승리한 경우와 을이 승리한 경우 2가지로 나뉘는 새로운 시합 조건을 만들어주어야 하기 때문이다.

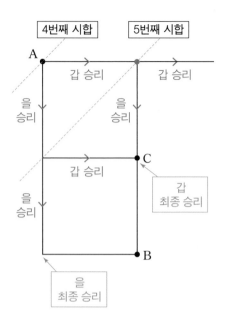

5번째 시합에서 갑이 승리하면 갑의 최종 승리로 끝난다. 따라서 5번째 시합에 해당하는 파란색 점에서 갑이 승리하는 경우의 길 방향은 점 C가 되어야 한다.

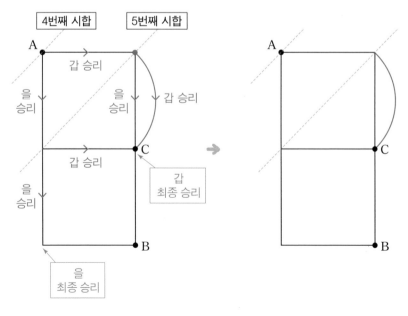

이제 모든 설명들을 제거해보자. 앞의 그림처럼 파란색 길 하나만 추가하면 모든 길이 동일한 가능성을 가지게 된다. 단, 여기서 주의할 점이 있다. 최단거리 문제이기 때문에 새로 만든 길은 원래의 길과 길이가 같다는 전제조건이 있어야 한다. 앞의 그림은 시각적으로 구별하기 위한 방법일 뿐이다.

이렇게 총 4가지 길이 만들어졌다. 모든 길은 갈림길을 2번씩 만난다. 동일한 상황과 동일한 조건을 만들어준 것이다. 모든 경우의 확률값이 $\frac{1}{4}$로 동일해졌다. 이제 확률의 뜻으로 문제를 해결할 수 있다. 총 4가지 길 중 C를 지나는 길의 개수는 3가지이므로, C를 지날 확률은 $\frac{3}{4}$이다.

지금까지 최단거리 확률 문제를 확률의 뜻으로 해결하는 방법을 살펴보았다. 처음에 우리가 이 해법을 발견했을 때 머릿속이 굉장히 혼란했다. 수학 교사임에도 불구하고 내용을 완전히 이해하는 데에 많은 시간이 필요했다. 만약 똑같은 증상을 겪고 있다면 당연한 일이니 걱정하지 않아도 된다. 개념이 정리되면 될수록 훨씬 더 잘 이해할 수 있을 것이다.

동일한 가능성 조건이 성립하려면?

최단거리 확률 문제의 해법을 개념적으로 정리해보자. 그래야 '99%가 틀리는 문제'도 확률의 뜻으로 해결할 수 있다.

우선 다음 문제를 살펴보자.

[문제]

다음과 같은 길을 따라 A에서 I까지 최단
거리로 가려고 할 때, E를 지날 확률을 구
해보자. (단, 갈림길에서 각각의 방향을 선택
할 확률은 동일하다.)

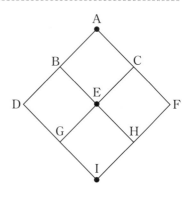

오개념이 생기는 원인을 복습해보자. 전체 경우의 수 6가지와 점 E를
지나는 경우의 수 4가지를 세는 데서 그치면 잘못된 확률값이 나온다.

$$\frac{(\text{점 E를 지나는 경우의 수})}{(\text{총 경우의 수})} = \frac{4}{6}$$

$\frac{4}{6}$가 틀린 답인 이유는 6가지 길이 동일한 가능성을 갖지 않기 때문
이다. 2가지 경로만 비교해도 알 수 있다.

1) A → B → D → G → I 의 확률 : $\frac{1}{2} \times \frac{1}{2} \times 1 \times 1 = \frac{1}{4}$

2) A → B → E → G → I 의 확률 : $\frac{1}{2} \times \frac{1}{2} \times \frac{1}{2} \times 1 = \frac{1}{8}$

확률의 계산을 통해 정확한 확률값을 구해보자.

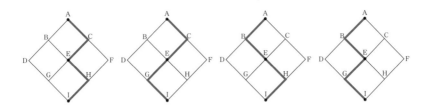

점 E를 지나는 4가지 경우의 확률을 구하면 모두 $\frac{1}{2} \times \frac{1}{2} \times \frac{1}{2} = \frac{1}{8}$ 이다. 따라서 점 E를 지날 확률은 $\frac{1}{8} + \frac{1}{8} + \frac{1}{8} + \frac{1}{8} = \frac{4}{8}$ 이다.

이제 확률의 뜻으로 답을 구해보자. 새로운 내용을 다루다 보니, 새로운 용어가 필요하다는 사실을 절실히 느꼈다. '지점'이라는 새로운 용어를 도입하려고 한다. 다음 그림에서 점 A~H의 순서를 정해주자. A는 1번째 점, B와 C는 2번째 점, 그리고 D, E, F는 3번째 점이라고 정하자. 'n번째 지점'은 n번째 점들을 모아놓은 모임이라고 약속하자. 그림으로 나타내면 다음과 같다.

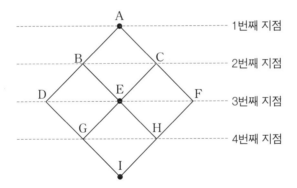

이렇게 지점을 표시하는 이유는 각각의 경우가 동일한 조건과 동일한 상황에 있는지 비교하기에 편하기 때문이다. 각 지점마다 갈림길의 개수를 비교해보자.

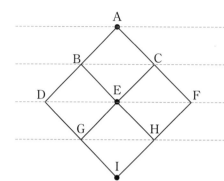

1번째 지점 - 점 A : 2개

2번째 지점 - 점 B : 2개, 점 C : 2개

3번째 지점 - 점 E : 2개, 점 D, F : 1개

4번째 지점 - 점 G : 1개, 점 H : 1개

3번째 지점에서 갈림길의 개수가 다르다. 갈림길의 개수가 다르니 당연히 동일한 상황과 동일한 조건이 성립하지 않는다. 동일한 가능성을 만들어주기 위해 3번째 지점의 점에서

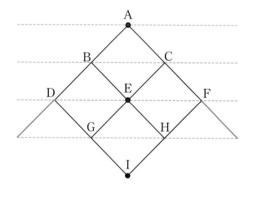

갈림길의 개수를 맞춰주어야 한다. 점 D와 F의 갈림길의 개수를 2개로 만들면 된다.

주의할 점은 길을 추가했을 때 기존 길 모형의 기본 조건이 변하지 않아야 한다는 것이다. 점 B에서 점 G로 바로 갈 수 없고, 점 D에서 점 I로 가기 위해서는 점 G를 꼭 지나야 한다는 것과 같은 조건 말이다. 이런 기본 조건을 생각하면 결국 점 D와 점 F에 만들어진 새로운 길들은 각각 점 G와 점 H에 연결되어야 한다는 사실을 알 수 있다. 따라서 다

음과 같이 길을 추가해야 한다.

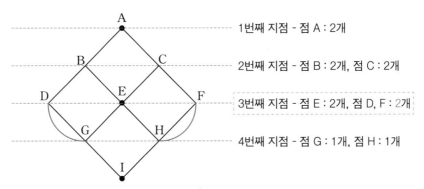

각 지점의 점에서 갈림길의 개수

1번째 지점 - 점 A : 2개

2번째 지점 - 점 B : 2개, 점 C : 2개

3번째 지점 - 점 E : 2개, 점 D, F : 2개

4번째 지점 - 점 G : 1개, 점 H : 1개

이렇게 길을 추가하면 3번째 지점의 모든 점에서 갈림길의 개수가 2개가 된다. 모든 길에 대해 동일한 상황과 동일한 조건을 만들어주었으므로 동일한 가능성 조건이 성립한다. 따라서 총 8가지의 경로에 대하여 각각의 확률값은 $\frac{1}{2} \times \frac{1}{2} \times \frac{1}{2} = \frac{1}{8}$ 이 된다. 8가지 길이 모두 두 길 중 하나를 선택하는 갈림길을 3번 지나기 때문이다. 점 E를 지나는 경우의 수가 4가지이므로 이제 점 E를 지날 확률을 구할 수 있다.

$$\frac{(점\ E를\ 지나는\ 경우의\ 수)}{(총\ 경우의\ 수)} = \frac{4}{8}$$

달빛 속 수학 연구팀에서는 논의 끝에 최단거리 확률 문제의 길을 변형하는 방법을 다음과 같이 정리했다.

동일한 가능성 조건이 성립하기 위해서는
같은 지점에 있는 각 점들의 갈림길 개수가 같아야 한다.

99%가 틀리는 문제
더 쉽게 해결하기

이제 정리한 방법을 이용하여 앞서 접했던 '99%가 틀리는 문제'를 확률의 뜻으로 해결해보자.

[문제]

다음과 같은 길을 따라 A에서 C까지 최단 거리로 가려고 할 때, B를 지날 확률을 구해보자. (단, 갈림길에서 각각의 방향을 선택할 확률은 동일하다.)

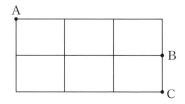

확률의 계산으로 구한 정답은 $\dfrac{5}{16}$ 였다. 확률의 뜻으로 풀어도 $\dfrac{5}{16}$ 가 나오는지 확인해보자.

같은 지점에 있는 각 점들의 갈림길 개수가 똑같아지도록 만들기 위해 우선 지점을 표시한다. 각 지점마다 갈림길의 개수를 비교해보자.

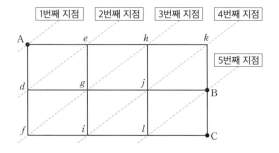

3번째 지점과 4번째 지점에서 갈림길의 개수가 다르므로(점 g, h : 2개, 점 f : 1개 / 점 j : 2개, 점 i, k : 1개) 갈림길의 개수를 똑같이 맞춰준다.

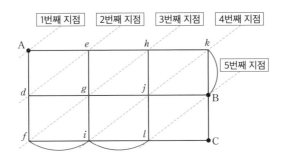

동일한 상황과 동일한 조건으로 만들어주었으므로 이제 점 B를 지날 확률을 확률의 뜻으로 구할 수 있다. 경우의 수를 구하는 방법은 기존 최단거리 문제에서 경우의 수를 구하는 방법과 똑같다.

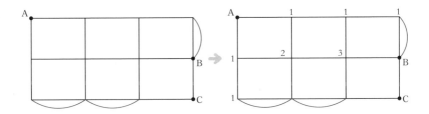

주의할 곳이 있다. 바로 새로 생긴 길이다. 새로 생긴 길과 원래 있던 길에 각각 경우의 수를 써주어야 한다. 그리고 각 경우의 수를 모두 더한 값을 써준다.

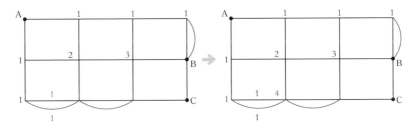

마찬가지로 나머지 경우의 수도 구해보자.

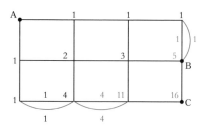

이제 확률의 뜻으로 확률값을 구해보자. 그림에서 알 수 있듯이 전체 경우의 수는 16가지이고, 점 B를 지나는 경우의 수는 5가지다. 따라서 점 B를 지나는 확률은 $\frac{5}{16}$ 이다. 확률의 계산으로 구한 값과 똑같다.

$\frac{5}{16}$ 를 구하는 2가지 방법을 비교해보자. 확률의 계산으로 구한 방법과 확률의 뜻으로 구한 방법 중 어느 것이 더 편한가? 아래 그림만 보아도 확률의 뜻으로 구한 방법이 훨씬 더 편하다는 사실을 알 수 있다.

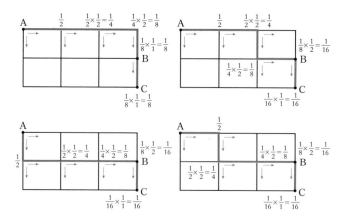

확률의 계산으로 구하기

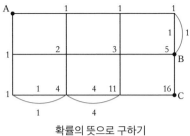

확률의 뜻으로 구하기

　새로운 방법이 더 쉽다는 사실을 느꼈을 때, '유레카'라는 단어를 떠올릴 수밖에 없었다. 달빛 속 수학 연구팀에서는 단지 확률의 뜻으로 문제를 해결하고 싶었던 것뿐인데, 더 쉬운 방법이 나올 줄 미처 몰랐기 때문이다.

3

다양한
최단거리 문제

좀 더 복잡한 최단거리 문제들을 확률의 뜻으로 해결해보자.

[문제 1]

다음과 같은 길을 따라 A에서 B까지
최단거리로 간다고 할 때, C를 지날
확률을 구해보자. (단, 갈림길에서 각각
의 방향을 선택할 확률은 동일하다.)

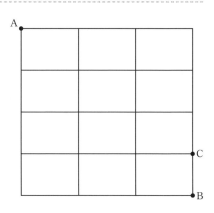

다음과 같은 길을 따라 A에서 B까
지 최단거리로 간다고 할 때, C를
지날 확률을 구해보자. (단, 갈림길
에서 각각의 방향을 선택할 확률은 동
일하다.)

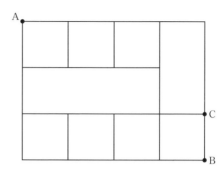

갈림길이 많을수록 확률의 계산보다 확률의 뜻으로 문제를 해결하
는 것이 더 쉽다. 한번은 영재 수업 시간에 한 학생이 [문제 1]을 확률
의 합과 곱으로 풀어보겠다고 했다. 마침 기회다 싶어 방법을 비교해보
니 확률의 뜻으로 푸는 방법보다 시간이 훨씬 많이 소요됐다. 한번 직
접 확률의 뜻으로 문제를 해결한 후 풀이를 확인해보도록 하자.

우선 답이 맞는지부터 확인해보자. 전체 경우의 수가 2의 거듭제곱
으로 나왔는가? 16, 32, 64, 128…. 이 중에 답이 있어야 한다. 혹시라도
없다면 다시 한번 풀어보자. 어딘가에서 실수를 했을 것이다. 전체 경
우의 수는 꼭 2의 거듭제곱으로 나와야 한다. 각 지점마다 갈림길의 개
수가 2개이므로 전체 경우의 수는 2의 거듭제곱이 나올 수밖에 없기 때
문이다. 이전에 풀었던 문제를 통해 자세히 알아보자.

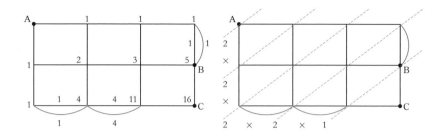

이 문제에서 전체 경우의 수는 16가지였다. 각 지점에서 갈림길의 개수가 2가지이므로 전체 경우의 수는 2 × 2 × 2 × 2 × 1 = 16, 즉 16가지가 되는 것이다. 바둑판 모양의 최단거리 문제는 갈림길이 항상 2가지이므로 2의 거듭제곱이 전체 경우의 수가 될 수밖에 없다. 이러한 사실은 문제를 정확히 풀었는지 검사하는 방법으로 아주 유용하니 기억해둘 만하다. 전체 경우의 수가 2의 거듭제곱이 나왔다면 이제 함께 풀이를 확인해보자.

첫 번째 문제의 풀이다.

1) 지점을 표시한다. 2) 길을 추가한다. 3) 경우의 수를 쓴다.

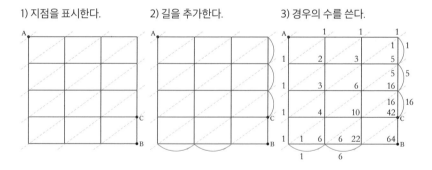

전체 경우의 수 64가지에 C를 지나는 경우의 수가 42가지이므로 C를 지날 확률은 $\dfrac{42}{64}$ 이다.

두 번째 문제는 중간에 길이 없는 유형이다.

1) 지점을 표시한다.

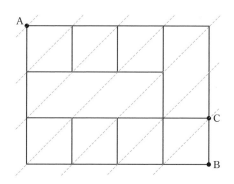

2) 길을 추가한다.

여기서 주의할 점이 있다. 영재 수업을 해보니 길을 추가하면서 길이 원래 없는 곳에 길을 만들어 바둑판 모양을 완성하는 학생이 꽤 있었다. 하지만 길을 추가하더라도 기본 조건은 변하지 않아야 한다. 원래 건너갈 수 없는 곳을 건너가게 하면 안 된다. 한 가지 더 주의할 점이 있다. 다음의 오른쪽 그림과 같이 길을 추가하면 안 된다. 이렇게 길을 추가하면 이 길은 다른 길에 비해 갈림길을 선택하는 횟수가 1번 적게 된다. 그럼 당연히 동일한 상황과 동일한 조건이 만들어지지 않을 것이다.

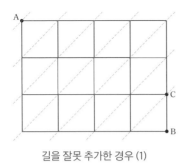

길을 잘못 추가한 경우 (1)

길을 잘못 추가한 경우 (2)

이제 적절히 길을 추가해 답을 구한 풀이를 확인해보자. 각 지점마다 갈림길의 개수를 똑같이 만들어주어야 한다는 사실을 명심해야 한다. 이번 문제의 길 유형은 가운데에도 길을 추가해야 하므로 더욱 꼼꼼히 체크해야 한다.

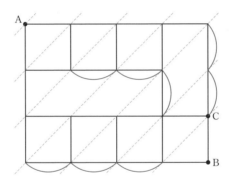

3) 경우의 수를 쓴다.

전체 경우의 수 64가지, 점 C를 지날 경우의 수 27가지. 따라서 점 C를 지날 확률은 $\frac{27}{64}$ 이다.

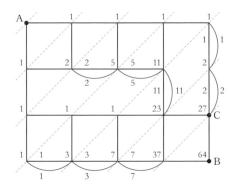

혹시라도 시간의 여유가 있다면 위의 문제들을 확률의 곱과 합으로 계산해보길 바란다. 그러면 이 방법이 얼마나 편한지 확실히 느낄 수 있을 것이다.

모든 길의 확률이 같으려면?

최단거리 문제를 연구하면서 갑자기 다음과 같은 질문이 떠올랐다.

"어떻게 하면 모든 길의 확률이 똑같아질까?"

최단거리 문제에서 모든 길의 확률이 같다면 길을 추가하지 않고도 확률값을 구할 수 있다. 그 대신 각 길마다 조건을 달아주어야 한다. 그 조건이 무엇인지 알아보자.

앞에서 계속 다루었던 99%가 틀리는 문제를 가져와보자. 이 문제의 조건은 원래 '단, 갈림길에서 각각의 방향을 선택할 확률은 동일하다'였다. 문제를 풀 수 있으려면 당연히 전제해야 하는 자연스럽고 합리적인 조건으로 보인다. 하지만 다음과 같이 조건을 바꿔보자.

[문제]

다음과 같은 길을 따라 A에서 C까지 최단거리로 가려고 할 때, B를 지날 확률을 구해보자. (단, A에서 C까지 가는 모든 길의 확률은 동일하다.)

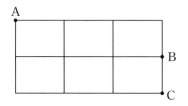

조건을 바꾸면 모든 길의 확률이 동일해지므로 바로 확률의 뜻으로 문제를 해결할 수 있다. 전체 경우의 수는 10가지, B를 지나는 경우의 수는 4가지.

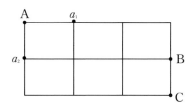

따라서 B를 지날 확률은 $\frac{4}{10}$ 이다. 조건을 다르게 하면 이렇게 풀어도 오답이 아니고 오개념을 갖고 잘못 풀었다고 볼 수도 없다. 하지만 앞서 보았다시피 이러한 특별한 조건이 없다면 모든 길의 확률이 같을 수는 없다. 모든 길의 확률이 같으려면 '단, A에서 C까지 가는 모든 길의 확률은 동일하다'라는 수학적인 조건이 전제되어야 한다. 이어서 다음과 같은 논리적인 결과가 뒤따른다.

우선 점 A에서 점 a_1과 점 a_2로 가는 확률부터 다를 것이다. 이 확률들은 어떻게 구할 수 있을까? 점 a_1 과 a_2에서 점 C까지 가는 경우의 수를 구해보자. 직접 세어보면 점 a_1에서 점 C까지 가는 경우의 수는 6가지, 점 a_2에서 점 C까지 가는 경우

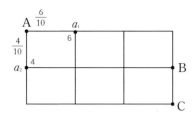

의 수는 4가지다. 따라서 점 A에서 점 a_1과 a_2로 가는 확률을 위의 경우의 수 6가지와 4가지에 맞춰주면 된다. 점 A에서 점 a_1로 가는 확률은 $\frac{6}{10}$, 점 A에서 점 a_2로 가는 확률은 $\frac{4}{10}$ 이다. 이렇게 되어야 점 a_1에서 점 C까지 가는 6가지의 길이 모두 $\frac{1}{10}$ 의 확률을 가지게 된다. 마찬가지로 점 a_2에서 점 C까지 가는 4가지의 길이 모두 $\frac{1}{10}$ 의 확률을 가지게 될 것이다.

이렇게 하면 끝일까? 아직 문제가 남아 있다. 점 a_1과 점 a_2에서도 갈림길의 확률값을 각각 다르게 주어야 한다는 것이다. 3번째 지점의 각 점에서 점 C까지 가는 경우의 수를 각각 구하면 위에서부터 3가지, 3가지, 1가지다. 위와 똑같은 방법으로 확률값을 계산해 각 갈림길에 나누어준다.

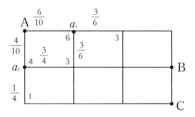

같은 방법으로 나머지 점들에서도 갈림길마다 확률값을 계산하여 나누어주도록 하자.

이제 깔끔하게 확률값만 남겨보자.

이렇게 각 갈림길마다 확률값을 계산해서 분배한다. 직접 계산해보면 어느 길이든 확률값이 $\frac{1}{10}$임을 확인할 수 있다. 정리하자면 각각의 점에서 최종점까지 가는 경우의 수를 구하고, 그 경우의 수를 이용하여 갈림길마다 확률값을 정해주면 된다.

여기서 갈림길마다 확률값을 좀 더 쉽게 구하는 한 가지 좋은 방법을 발견했다. 각각의 점에서 최종점까지 가는 경우의 수만 따로 보자.

뭔가 익숙한 숫자들이 아닌가? 저 숫자들은 우리가 그동안 사용했던 방법을 이용하면 쉽게 구할 수 있다. 최단거리 문제에서 경우의 수를 구할 때 썼던 방법을 기억해보자. 각 점에 숫자를 쓰고 숫자들을 더하면서 경우의 수를 구하는 방법이었다.

원래는 점 A에서 점 C로 가는 방향으로 써야 하지만 여기서는 거꾸로 점 C에서 점 A로 가는 방향으로 각 점의 숫자를 구하면 된다. 이렇게 하면 각 점에서 최종점까지 가는 경우의 수를 손쉽게 구할 수 있다. 이를 이용해 각 갈림길마다 확률값을 정해주기만 하면 될 것이다.

물론 갈림길에서 각각의 방향을 선택할 확률이 $\frac{1}{2}$로 동일한 앞의 경우가 훨씬 자연스럽고 합리적이다. 갈림길마다 확률값이 다른 상황은 수학적으로 매우 부자연스럽다. 그러나 이렇게 문제의 조건을 바꿔 풀어봄으로써 사고의 폭이 더 넓어질 수 있다.

4

몬티 홀 문제
끝장내기

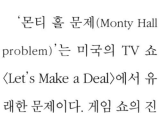

'몬티 홀 문제(Monty Hall problem)'는 미국의 TV 쇼 〈Let's Make a Deal〉에서 유래한 문제이다. 게임 쇼의 진행자 몬티 홀의 이름에서 따온 명칭이라고 한다.

문제의 내용은 다음과 같다.

| 몬티 홀 문제

한 참가자가 세 개의 문 중 하나를 선택하여 문 뒤에 있는 선물을 가질 수 있는 게임 쇼에 참가했다. 진행자인 몬티가 말했다. "저기 문 세 개가 보이죠? 하나의 문 뒤에는 고

급 승용차가 있고 나머지 문 뒤에는 염소가 있어요. 문 하나를 고르면 그 뒤에 있는 것을 선물로 줄게요." 참가자가 문 하나를 선택하려 하자, 몬티가 새로운 제안을 했다. "잠깐, 당신이 문 하나를 고르면, 내가 남은 두 문 중 하나를 열어 그 뒤에 뭐가 있는지 보여줄게요. 그 후 원래의 선택을 고수해도 되고, 선택을 바꿔도 돼요." 참가자는 문 하나를 골랐다. 그러자 모든 문 뒤에 무엇이 있는지 알고 있는 몬티는 남은 문 중 염소가 있는 문 하나를 열었다. 이제 두 개의 문이 남은 상황에서 몬티가 말했다. "선택을 바꿔도 돼요. 모든 건 당신에게 달려 있습니다." 참가자는 심각한 고민에 빠졌다. 자동차를 받기 위해서는 어떻게 하는 편이 더 나을까? 원래의 선택을 유지해야 할까, 선택을 바꿔야 할까? (단, 이때 진행자는 자동차와 염소가 어떤 문에 있는지 알고 있기 때문에, 자동차가 있는 문이 열리는 일은 발생하지 않는다.)

참조 : [네이버 지식백과] 몬티 홀 문제 (수학산책)

기네스북에 최고의 IQ 소유자로 기록되었던 메릴린 사반트(Marilyn vos Savant, 1946~)는 1990년에 한 잡지의 코너 〈메릴린에게 물어보세요〉에서 독자에게 몬티 홀 문제를 질문받았다. 사반트가 선택을 바꾸면 당첨 확률이 $\frac{2}{3}$가 된다고 주장하자 수많은 독자가 항의 편지를 보냈다. 그중에는 수학자들도 많이 있었다. 그들의 주장은 선택을 바꾸었을 때 당첨 확률이 $\frac{1}{2}$이라는 것이었다. 과연 선택을 바꾸었을 때 당첨 확률은 $\frac{2}{3}$일까, $\frac{1}{2}$일까?

바꾸었을 때 당첨 확률이 $\frac{1}{2}$ 이라는 주장

처음 3개의 문 중 하나를 선택하므로 당첨될 확률은 $\frac{1}{3}$ 이다. 하지만 진행자가 염소가 있는 문을 열면, 남은 문은 2개다. 따라서 다른 문에 자동차가 있을 확률은 $\frac{1}{2}$ 이다.

바꾸었을 때 당첨 확률이 $\frac{2}{3}$ 이라는 주장

① 1번 문을 선택했다고 가정하고, 선택을 바꾸는 상황을 다음과 같이 여러 경우로 나눠보자.

1번 문	2번 문	3번 문	결과
차	염소	염소	꽝
염소	차	염소	당첨
염소	염소	차	당첨

총 3가지 경우 중 당첨될 경우가 2가지이므로 $\frac{2}{3}$ 이다.

② 차가 1번 문에 있다고 가정하고 다음과 같이 3가지의 경우로 나타내도 $\frac{2}{3}$ 이다.

- 처음에 1번 문 선택 → 진행자가 염소 있는 문을 오픈 → 선택을 바꾸면 꽝.
- 처음에 2번 문 선택 → 진행자가 염소 있는 문을 오픈 → 선택을 바꾸면 차 당첨.
- 처음에 3번 문 선택 → 진행자가 염소 있는 문을 오픈 → 선택을

바꾸면 차 당첨.

다시, 바꾸었을 때 당첨 확률이 $\frac{1}{2}$ 이라는 주장

앞의 주장은 모든 경우를 다루지 않았다. 처음에 차를 골랐다면 진행자는 나머지 두 개의 문 중 하나를 선택하여 문을 열어야 한다. 이를 고려하면 전체 경우의 수는 4가지다.

① 1번 문을 선택했다고 가정하고 선택을 바꾸었을 때

1번 문	2번 문	3번 문	여는 문	결과
차	염소	염소	2번 문	꽝
차	염소	염소	3번 문	꽝
염소	차	염소	3번 문	당첨
염소	염소	차	2번 문	당첨

② 차가 1번 문에 있다고 가정했을 때
- 처음에 1번 문 선택 → 진행자가 염소 있는 2번 문을 오픈 → 선택을 바꾸면 꽝.
- 처음에 1번 문 선택 → 진행자가 염소 있는 3번 문을 오픈 → 선택을 바꾸면 꽝.
- 처음에 2번 문 선택 → 진행자가 염소 있는 3번 문을 오픈 → 선택을 바꾸면 차 당첨.
- 처음에 3번 문 선택 → 진행자가 염소 있는 2번 문을 오픈 → 선택

을 바꾸면 차 당첨.

따라서 4가지 중 당첨될 경우는 2가지이므로 $\frac{2}{4} = \frac{1}{2}$이다.

다시, 바꾸었을 때 당첨 확률이 $\frac{2}{3}$ 이라는 주장

그러면 확률의 계산을 통해 직접 구해보자. 고등학교에서 배우는 조건부확률로 계산해보면, 선택을 바꾸었을 때 당첨될 확률이 $\frac{2}{3}$가 나온다.

상황을 살짝 바꿔 생각할 수도 있다. 3개의 문이 아니라 1000개의 문이 있다고 상상해보자. 당신은 1번 문을 선택했으며 문 뒤에 뭐가 있는지 아는 진행자가 염소가 있는 문을 하나씩 열어준다. 333번 문만 남기고 모든 문을 열었다고 해보자. 1번 문에 차가 있을 확률은 $\frac{1}{1000}$ 이므로 당연히 333번 문으로 옮기는 것이 유리하다.*

실제로 몬티 홀 문제에서 선택을 바꾸었을 때 당첨될 확률은 $\frac{2}{3}$이다. 하지만 정확한 답을 알고도 '$\frac{2}{3}$가 정말 맞을까?'하는 의문이 들게 하는 문제다. 나 역시 2014년 여름 한창 몬티 홀 문제에 빠져 있었다. 자료 조사를 하며 며칠 동안 혼자 이리저리 연구를 해본 후 내린 결론

---

* 많은 사람이 이러한 설명에 납득한다. 그렇지만 의문이 남는다. 이 설명은 몬티 홀 문제와 같은 조건인 '남은 문의 개수가 2개인 상황'을 가정한다. 하지만 몬티 홀 문제와 같은 또 다른 조건인 '한 개의 문만 열어주는 상황'을 가정한다면 어떨까? 다시 말해, 내가 선택한 문을 제외한 999개의 문 가운데 하나의 문만 열어주고, 나머지 998개의 문 중 하나로 바꿀 기회를 준다면? 두 상황 중 어느 것이 몬티 홀 문제와 더 같은 조건일까? 숫자가 너무 커서 좀 복잡하게 느껴지는가? 그렇다면 4개의 문이 있다고 했을 때, 문을 하나만 열어주어야 할까, 두 개를 열어주어야 할까? 이처럼 몬티 홀 문제에 직관적인 방법으로 접근하는 것은 매우 까다로운 일이다. 이 방법으로는 몬티 홀 문제를 완벽하게 해결하기 힘들다는 것이 내 생각이다.

은 $\frac{1}{2}$이 답이라는 것이었다. 지금까지 정답이 잘못 알려졌다는 사실을 발견했다고 생각했다. 나름 타당한 근거로 $\frac{1}{2}$이 답이라고 달빛 속 수학 연구팀 선생님들에게 열심히 설명했다. 역시나 $\frac{2}{3}$라고 생각하는 주장과 부딪칠 수밖에 없었는데, 결국 평행선을 달리며 서로 혼란만 준 채 논쟁이 마무리되었다.

나중에서야 깨달은 사실은 아무리 많은 시간을 두고 논쟁을 했어도 결론이 나지 않았으리라는 것이다. 나를 포함하여 $\frac{1}{2}$을 답이라고 생각하는 대부분의 사람들은 '확률의 뜻'으로 $\frac{1}{2}$을 구한다. 반면 $\frac{2}{3}$라는 답은 '확률의 계산'을 이용하여 답을 구하거나 1000개의 문을 가정하여 유추한다. 하지만 명확하게 확률의 뜻으로 $\frac{2}{3}$가 답이라는 사실을 설명하진 못한다. 따라서 $\frac{1}{2}$이라는 주장을 깨트릴 수 없으니 계속 싸울 수밖에 없는 것이다. 답으로 $\frac{1}{2}$을 주장하는 사람들을 확실히 반박하려면 $\frac{1}{2}$을 구한 방법과 똑같이 확률의 뜻을 이용하여 $\frac{2}{3}$를 구하면 된다.

그동안 몬티 홀 문제는 정답이 $\frac{2}{3}$이라는 점을 확률의 뜻으로 완벽하게 설명할 수 없었다. 하지만 최단거리 확률 문제에서 다룬 개념을 이용하면 확률의 뜻으로도 $\frac{2}{3}$를 구할 수 있다. $\frac{1}{2}$이 답이라고 강력하게 주장한 나였지만, 이 풀이법을 발견하고 $\frac{2}{3}$가 답이라는 사실을 인정할 수밖에 없었다.

최단거리 문제에서 갈림길의 개수를 똑같이 맞추는 방법을 이용하면 확률의 뜻으로 확률값을 구할 수 있었다. 이를 몬티 홀 문제에 어떻게 적용

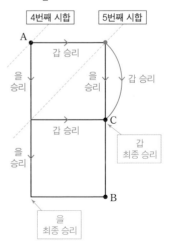

할까? 앞에서 '파스칼과 드 메레의 편지'를 최단거리 문제로 바꾸었던 것을 기억하는가? 대부분의 확률 문제는 최단거리 문제로 바꿀 수 있다. 몬티 홀 문제 역시 최단거리 문제로 바꾸면 이 책에서 다룬 개념을 적용할 수 있다. 1번 문을 선택했다고 가정하고 선택을 바꾸었을 때 나올 수 있는 4가지 경우를 길 모형을 만들어 헤아려보자.

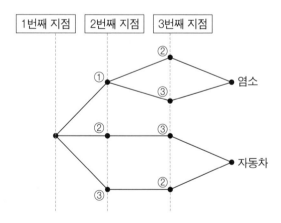

1번 문	2번 문	3번 문	여는 문	결과
차	염소	염소	2번 문	꽝
차	염소	염소	3번 문	꽝
염소	차	염소	3번 문	당첨
염소	염소	차	2번 문	당첨

기존 바둑판식 최단거리 문제와 모양은 다르지만 '왼쪽에서 오른쪽으로만 갈 수 있다'는 조건만 전제하면 결국 똑같은 개념을 적용할 수 있다. 우선 지점을 표시해보자.

동일한 가능성으로 만들어주기 위해 각 지점마다 갈림길의 개수를 맞취준다. 2번째 지점에서만 갈림길의 개수가 다르므로 길을 추가한다.

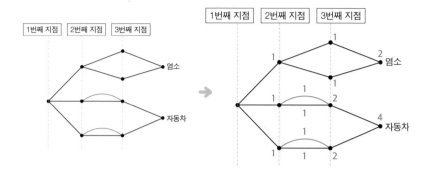

　2번째 지점에서 갈림길의 개수를 맞추었으므로, 모든 길은 동일한 가능성을 가진다. 이제 확률의 뜻으로 확률값을 구할 수 있다. 경우의 수를 구해보면 염소가 나올 경우가 2가지, 자동차가 나올 경우가 4가지다. 따라서 자동차가 나올 확률을 구하면 $\frac{4}{6} = \frac{2}{3}$ 이다.

　여기서 길을 하나씩 추가하는 상황은 다음과 같이 해석할 수 있다. 차가 1번 문에 있을 때, 진행자가 2번 문과 3번 문 중 하나를 선택하는 방법은 2가지다. 따라서 동일한 상황을 만들기 위해, 2번 문이나 3번 문에 차가 있을 때에도 진행자가 문을 선택하는 방법을 2가지로 맞추어야 한다.

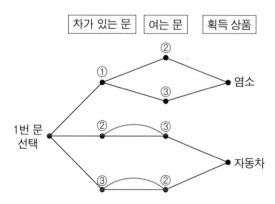

2번 문에 차가 있다고 가정해보자. 이때 진행자는 3번 문을 열어야 한다. 동일한 상황을 만들려면 진행자가 2가지 문 중 하나를 선택하도록 해야 한다. 하지만 현실에서는 3번 문을 열 수밖에 없으므로, 2가지 가상의 문을 만들고 모두 3번 문이라 가정하자는 것이다. 그리고 진행자가 가상의 문인 3번 문과 3번 문, 이 2가지 중 하나를 선택하게 하자. 둘 중 아무거나 선택해도 3번 문이 열리기 때문에, 현실에서는 3번 문을 여는 상황이 그대로 나타나게 된다. 파스칼과 드 메레의 편지에서 실제로는 일어나지 않는 5번째 시합을 진행한 것과 같은 맥락이다. 여기서도 3번 문이 실제로 2개 존재하지는 않는다.

몬티 홀 문제에서 오류는 직관적인 생각 때문에 생긴다. 확률의 뜻과 관련해 발생했던 오개념은 결국 확률의 뜻으로 정답을 구함으로써 해결할 수 있었다. 몬티 홀 문제를 확률의 뜻으로 해결한 것처럼, 대부분의 확률 문제를 확률의 뜻으로 해결할 수 있을 것이다. 이를 통해 다양한 확률의 패러독스에 대한 해답을 제시할 수도 있을 것이다. 동일한 가능성으로 맞추어준다는 개념은 생각보다 확률 문제를 해결하는 데 많은 도움이 될지도 모른다.

마지막으로 다음과 같은 상황을 생각해보자. 나는 몬티 홀 문제에서 문을 바꾸었을 때 당첨될 확률이 $\frac{1}{2}$과 $\frac{2}{3}$ 둘 중 하나라는 사실을 알고 있다. 하지만 해답이 정확히 무엇인지 모르는 상태에서 몬티 홀 문제의 참가자가 되었다. 어떤 결정을 내려야 당첨에 유리할까? 문을 바꿨을 때 당첨될 확률이 $\frac{1}{3}$과 $\frac{2}{3}$ 둘 중 하나라고 가정해보자. 이 경우 해답이 $\frac{1}{3}$일 수도 있기 때문에, 바꾸는 것이 불리할 수 있다. 하지만 문을 바꿨을 때 당첨될 확률은 $\frac{1}{2}$과 $\frac{2}{3}$ 둘 중 하나다. 해답이 $\frac{1}{2}$이라면 바꾸든 안 바꾸든 당첨될 확률은 똑같다. 바꿨다고 불리할 것은 없으므로 바꿔도 상관없다. 하지만 $\frac{2}{3}$가 해답이라면, 바꾸는 것이 무조건 유리하다. 따라서 $\frac{1}{2}$과 $\frac{2}{3}$ 둘 중 어느 것이 해답인지 모르는 상황에서도 바꾸는 경우가 유리하다. 확률 구하는 문제를 다시 확률로 생각하는 것이다. 언젠가 비슷한 상황에 처할 수도 있으니 기억해둬서 나쁠 건 없지 않은가?

상황 설명

[상황 1]

A가 첫 번째로 뽑고, B가 두 번째로 뽑는다고 하자.

$$(\text{A가 당첨될 확률}) = \frac{(\text{당첨 제비 수})}{(\text{전체 제비 수})} = \frac{3}{10}$$

A가 당첨 제비를 뽑았다면, 나머지 제비 9개 중 남은 당첨 제비는 2개이다. 따라서 B가 당첨 제비를 뽑을 확률은 $\frac{2}{9}$이다. A가 당첨 제비를 뽑지 않았다면, 나머지 제비 9개 중 당첨 제비는 3개이다. 따라서 B가 당첨 제비를 뽑을 확률은 $\frac{3}{9}$이다. 그러므로

$$(\text{B가 당첨될 확률})$$
$$= (\text{A가 당첨되고 B가 당첨될 확률}) +$$
$$(\text{A가 당첨되지 않고 B가 당첨될 확률})$$
$$= \frac{3}{10} \times \frac{2}{9} + \frac{7}{10} \times \frac{3}{9} = \frac{6}{90} + \frac{21}{90} = \frac{27}{90} = \frac{3}{10}$$

[상황 2]

45개의 숫자 중에서 6개의 숫자를 고를 때 나올 수 있는 경우의 수를 n가지라고 하

자. 1, 2, 3, 4, 5, 6을 고르는 경우의 수는 그중에서 1가지이다. 3, 10, 17, 22, 33, 41을 고르는 경우의 수 역시 1가지이다. 따라서 두 로또 번호가 1등에 당첨될 확률은 모두 $\frac{1}{n}$로 같다.

'파스칼의 삼각형'을 활용한 2S진 풀이법

'99%가 틀리는 문제'는 다음과 같이 길을 추가하여 확률의 뜻으로 풀 수 있었다. 점 B를 지나는 확률은 $\frac{5}{16}$였다.

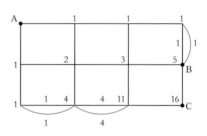

'파스칼의 삼각형'을 활용하면 길을 추가하지 않고도 답을 구할 수 있다(265쪽 그림 참조). 2015년 여름에 발견한 '2S진 풀이법'을 소개한다.

파스칼의 삼각형은 각 행의 맨 처음과 끝은 항상 1로 두고, 그 사이의 수들은 바로 위 행의 왼쪽과 오른쪽에 있는 두 수의 합을 구해 삼각형 모양으로 배열한 수의 집합이다. 파스칼의 삼각형을 최단거리 확률 문제에 활용할 수 있도록 적절히 회전시킨다. 변형한 파스칼의 삼각형에 위 길 모형을 겹쳐서 그린다. 그러면 파스칼의 삼각형의 n번째 줄은 최단거리 확률 문제를 해결할 때 사용했던 길 모형의 n번째 지점과 일치한다는 사실을 알 수 있다. 이제 점 B를 포함하여 B에서 오른쪽 대각선 위에 있는 모든 수를 더한다. $4 + 1 = 5$.

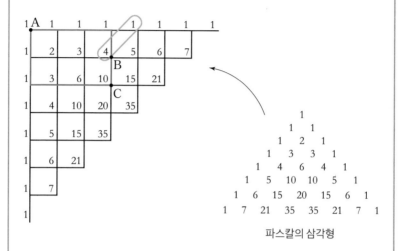

파스칼의 삼각형

전체 경우의 수는 그 점을 포함하는 지점에서의 모든 경우의 수의 합이 된다. 파스칼의 삼각형을 만드는 규칙에 의해 n번째 지점의 모든 경우의 수의 합은 2^{n-1}이다. 점 B는 5번째 지점에 포함되므로 전체 경우의 수는 $2^{5-1} = 2^4 = 16$이다. 따라서 B를 지날 확률은 $\frac{5}{16}$이다.

이를 정리하면 어떤 점 A가 n번째 지점에 있을 때에 점 A를 지날 확률은 다음과 같다. (단, 점 A를 지날 경우의 수는 동일한 가능성을 만족하는 경우의 수이다.)

$$(점 \ A를 \ 지날 \ 확률) = \frac{(점 \ A를 \ 지날 \ 경우의 \ 수)}{2^{n-1}}$$

위의 식에서 '점 A를 지날 경우의 수'는 아래와 같이 구할 수 있다.

바둑판식 최단거리 확률 문제에서 최단거리로 가는 길이 오른쪽과 아래 방향일 때, 변형된 파스칼의 삼각형을 통해 점 A를 지날 경우의 수를 구하면 다음과 같다.

1) 점 A의 위치가 길 모형의 내부에 있을 경우
변형된 파스칼의 삼각형에서 점 A와 같은 위치에 있는 수가 점 A를 지날 경우의 수

2) 점 A의 위치가 길 모형의 가장 밑에 있는 경우
변형된 파스칼의 삼각형에서 점 A와 같은 위치에 있는 수를 포함하여 왼쪽 아래 대각선 방향으로 모든 수를 더한 값이 점 A를 지날 경우의 수

3) 점 A의 위치가 길 모형의 가장 오른쪽에 있는 경우
변형된 파스칼의 삼각형에서 점 A와 같은 위치에 있는 수를 포함하여 오른쪽 위 대각선 방향으로 모든 수를 더한 값이 점 A를 지날 경우의 수

앞서 접했던 최단거리 문제도 살펴보자. 전체 경우의 수 64가지에 C를 지나는 경우의 수가 42가지이므로, C를 지날 확률은 $\dfrac{42}{64}$ 였다.

다음과 같은 길을 따라 A에서 B까지 최단거리로 간다고 할 때, C를 지날 확률을 구해보자. (단, 갈림길에서 각각의 방향을 선택할 확률은 동일하다.)

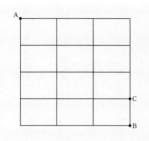
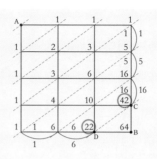

이제 변형된 파스칼의 삼각형을 이용하여 확률값을 구해보자. 변형된 파스칼의 삼각형에 위의 길 모형을 그린다. 그리고 점 C를 포함하여 오른쪽 대각선 위에 있는 모든 수를 더한다. 20+15+6+1 = 42. 이는 위

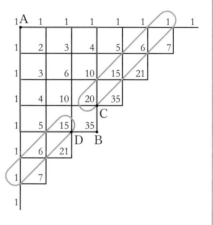

에서 점 C의 경우의 수와 일치함을 알 수 있다.

점 C는 7번째 지점에 포함되므로 전체 경우의 수는 $2^{7-1} = 2^6 = 64$이다. 따라서 C를 지날 확률은 $\frac{42}{64}$이다. (D를 지날 확률은 $\frac{15+6+1}{64} = \frac{22}{64}$)

'2S진 풀이법'의 원리는 동일한 가능성에 대한 이해에서 온다. 변형된 파스칼의 삼각형을 하나의 길 모형으로 본다면, 각 지점마다 갈림길의 개수는 똑같이 2개다. 모든 길이 동일한 가능성을 가지므로 최단거리 확률 문제를 푸는 데 변형된 파스칼의 삼각형을 이용할 수 있는 것이다.

나가는 말

이 책은 수학 수업에 대한 고민 속에서 탄생했다. 수학을 더 쉽게 이해시키기 위해 책을 쓴 셈이다. 그 목적을 달성하고자 고군분투하는 과정에서 '지금까지 없었던' 수학의 새로운 접근법을 발견했다. 이를 통해 수학을 더 쉽게 이해하고 수학을 바라보는 시야를 넓힐 수 있을 것이라 생각한다.

우리는 그동안 학교에서 배우는 수학의 틀에 갇혀 있었다. 중요한 점은 당장 수학 성적을 올리는 것이 아니라, 수학적 사고력을 키우는 것이 아닐까? 가장 이상적인 상황을 살펴보자. 중학교 때부터 수학을 보는 안목을 길러놓았다면, 같은 문제여도 같은 개념이라도 남들이 보지 못하는 부분까지 보고 이해할 수 있다. 다양한 접근을 시도하며 자신만의 풀이법을 찾아내고, 결국 문제를 해결할 수 있는 도구를 많이 갖게 될 것이다. 기존 수학의 내용을 의심하고, 그 의문을 해결하는 과정에서 이해가 더 완벽해질 것이다. 마침내 수학에서 즐거움을 맛보게 되어 만족스러운 성적이 자연스레 뒤따를 것이다. 더 나아가 창의적인 방식으로 문제에 접근하여 미래를 이끌어나가는 인재로 성장해나가는 것이 나의 소망이자 바람이다.

책에 실린 발견들은 누군가가 보기에는 별것 아닌 사소한 내용일지도 모른다. 하지만 이 책의 내용은 10년 동안, 아니 그전부터 치열하게 질문하고 고민하고 생각한 무수히 많은 시간과 노력의 결과물이다. 몇 시간 동안 쉬지 않고 수학에 빠져 있기도 했고, 내일 출근인데도 새벽 2~3시까지 연구하기도 했다. 어떤 문제는 해결하기 위해 몇 달 동안 끙끙대기도 했다. 게으른 성격이지만 그 시간만큼은 가장 열정적이고 부지런했다.

무엇보다도 얼핏 헛되어 보이는 무수한 실패의 경험들이 없었다면, 발견은 이루어지지 않았을 것이다. 11시간을 고민하면 그 시간에 합당한 결과물이 나오면 좋은데, 전혀 그렇지 않다. 언제 새로운 발견이 나올지는 모르는 일이고, 발견하지 못하는 경우가 더 흔하다. 하지만 그 순간, '유레카'의 순간은 그 어떤 것에 비할 바 없는 놀랍고 황홀한 순간이다. 온몸에 흐르는 그 전율이, 끊임없이 연구할 수 있는 원동력이었다. 이제 혼자만 느꼈던 즐거움을 공유할 때가 왔다. 설레기도 하지만 두렵기도 하다. 이 내용이 맞고 틀리다는 판단, 좋고 나쁘다는 판단은 결국 독자와 세상에 달려 있을 것이다.

이 책의 내용이 당연시되는 날, 그래서 결국 이 책이 더 이상 팔리지 않는 날이 오기를 희망한다. 더 나아가 이 책보다 더 훌륭한 접근 방법들이 나와 『지금까지 이런 수학은 없었다』가 옛것이 되기를.

여전히 나에게 수학을 가르치는 일은 어렵고 두렵다. 평균 이하에서 이제야 평균 선생님이 된 것 같다. 앞으로도 끊임없이 연구하면서 평균을 유지하려고 노력하겠다. 내가 가르치는 학생들을 위해서. 그러다 보면 어느새, 이 세상에도 따뜻한 수학의 봄이 찾아오지 않을까.

감사의 말

이 책을 준비하면서 많은 분의 도움을 받았다.

우선, 함께 수학 교수법을 연구하는 동안 항상 아낌없는 격려와 칭찬을 베푸신 이우열 교감선생님께 감사드린다. 열정적으로 수학 수업 자료를 개발하며 열심히 연구하시는 모습은 내게 늘 큰 자극이 되었다. 나도 오랜 시간이 흐른 뒤에도 열정을 갖고 수학 수업을 연구하는 선생님이 되고 싶다. 재능기부를 통해 무료로 책 쓰기 모임을 마련해주신 양은우 작가님께도 감사의 말씀을 드린다. 책 쓰기 모임을 통해 정말 많은 도움을 받았다.

가족의 도움 역시 빼놓을 수 없다. 학창 시절 수포자였을 때에도 꾸지람 한 번 하지 않고 언제나 한결같은 모습으로 저를 키워주신 부모님께 감사드린다. 인생을 스스로 선택할 수 있게 도와주셨고, 중요한 고비의 순간마다 항상 응원과 지지를 아끼지 않으셨다. 내가 지금과 같이 창의성을 추구하게 된 것은 부모님의 자유로운 양육 덕분이다. 책을 쓰기로 다짐하고 지금까지 약 4년 동안 항상 응원해준 나의 사랑하는 예쁜 아내, 뜬금없이 수학에 빠져들 때에도 집중할 수 있는 시간을 마련해주고 집필 작업 내내 배려해준 아내에게 고마운 마음을 전한다. 나의 아들 삼삼이(ЭЭЕ)가 마련해준 육아휴직은 (물론 최우선 순위는 늘 육아였지만) 책을 완성하는 데 반드시 필요한 시간이었다. 건강하게 자라고 있는 아들에게 고맙다는 말을 전하고 싶다.

멋지게 책을 완성해주신 해나무 편집부에도 감사의 말씀을 드린다. 어느 순간부터 이 책을 쓰는 것이 나에게 주어진 사명이라는 생각이 들었다. 이 책을 쓸 수 있도록 지혜를 주신 하나님께 감사드린다.

마지막으로 책이 탄생할 수 있도록 수업에 대한 고민을 안겨주었던, 나의 모든 제자에게 고마움을 전한다.

지금까지
이런 수학은 없었다
ⓒ 이성진 2020

1판 1쇄   2020년 5월 28일
1판 2쇄   2021년 10월 29일

지은이   이성진
펴낸이   김정순
편집   조장현 허영수
디자인   김수진 이아름 블랙페퍼디자인
일러스트   김재모
마케팅   이보민 양혜림 이다영

펴낸곳   ㈜북하우스 퍼블리셔스
출판등록   1997년 9월 23일 제406-2003-055호
주소   04043 서울시 마포구 양화로 12길 16-9(서교동 북앤빌딩)
전자우편   henamu@hotmail.com
홈페이지   www.bookhouse.co.kr
전화번호   02-3144-3123
팩스   02-3144-3121

ISBN   979-11-6405-060-4 03410

해나무는 ㈜북하우스 퍼블리셔스의 과학·인문 브랜드입니다.